品格的力量

［英］塞缪尔·斯迈尔斯 著
李云 译

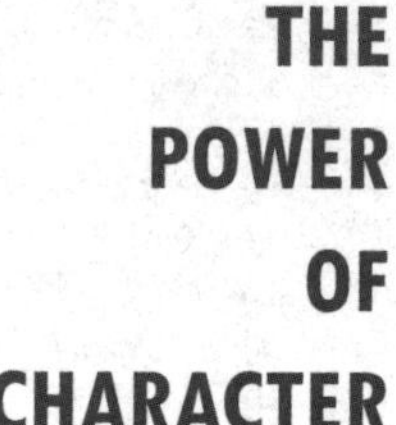

四川文艺出版社

图书在版编目（CIP）数据

品格的力量 /（英）塞缪尔 · 斯迈尔斯著；李云译
. -- 成都：四川文艺出版社，2021.9
ISBN 978-7-5411-6096-7

Ⅰ. ①品… Ⅱ. ①塞… ②李… Ⅲ. ①成功心理－通俗读物 Ⅳ. ① B848.4-49

中国版本图书馆 CIP 数据核字（2021）第 159874 号

PINGE DE LILIANG

品格的力量

［英］塞缪尔 · 斯迈尔斯　著

李云　译

出 品 人　张庆宁
选题策划　北京斯坦威图书有限责任公司 斯坦威 STANDWAY
责任编辑　邓　敏
封面设计　WONDERLAND Book design 仙境 QQ:344581934
责任校对　汪　平

出版发行　四川文艺出版社（成都市槐树街 2 号）
网　　址　www.scwys.com
电　　话　028–86259287（发行部）028–86259303（编辑部）
传　　真　028–86259306

印　　刷　天津旭丰源印刷有限公司
成品尺寸　147mm × 210mm　　开　　本　32 开
印　　张　7　　字　　数　110 千字
版　　次　2021 年 9 月第一版　　印　　次　2021 年 9 月第一次印刷
书　　号　ISBN 978–7–5411–6096–7
定　　价　42.00 元

本书若有质量问题，请与本公司图书销售中心联系调换。电话：010-82561793

本书出版次数

第一版	1871 年 8 月	重　印	1882 年 8 月
第二版	1871 年 8 月	重　印	1884 年 6 月
第三版	1871 年 8 月	重　印	1884 年 9 月
第四版	1871 年 8 月	重　印	1885 年 10 月
第五版	1872 年 5 月	重　印	1886 年 3 月
重　印	1872 年 7 月	重　印	1886 年 2 月
重　印	1873 年 4 月	重　印	1886 年 6 月
重　印	1873 年 5 月	重　印	1886 年 9 月
重　印	1873 年 9 月	重　印	1887 年 1 月
重　印	1875 年 2 月	重　印	1888 年 5 月
重　印	1875 年 8 月	重　印	1888 年 10 月
重　印	1877 年 1 月	重　印	1889 年 4 月
重　印	1878 年 10 月	重　印	1891 年 3 月
重　印	1878 年 12 月	重　印	1891 年 9 月
重　印	1879 年 3 月	重　印	1893 年 5 月
重　印	1879 年 6 月	重　印	1893 年 12 月
重　印	1880 年 5 月	重　印	1895 年 1 月
重　印	1880 年 11 月	重　印	1895 年 12 月
重　印	1881 年 3 月	重　印	1896 年 4 月
重　印	1882 年 4 月	重　印	1896 年 10 月

重　印　1897 年 8 月	重　印　1920 年 1 月
重　印　1899 年 11 月	重　印　1921 年 8 月
重　印　1899 年 12 月	重　印　1923 年 9 月
重　印　1900 年 4 月	重　印　1924 年 5 月
重　印　1901 年 8 月	重　印　1925 年 8 月
重　印　1903 年 6 月	重　印　1926 年 3 月
重　印　1904 年 3 月	重　印　……
重　印　1904 年 10 月	重　印　……
重　印　1905 年 6 月	重　印　……
重　印　1907 年 8 月	重　印　……
重　印　1908 年 3 月	重　印　1988 年 3 月
重　印　1909 年 6 月	重　印　1990 年 6 月
重　印　1910 年 8 月	重　印　1991 年 10 月
重　印　1912 年 10 月	重　印　1993 年 4 月
重　印　1915 年 3 月	重　印　1994 年 11 月
重　印　1916 年 8 月	重　印　1995 年 2 月
重　印　1917 年 9 月	重　印　1996 年 10 月
重　印　1918 年 4 月	重　印　1997 年 4 月

原著者序

24年前，我写下了大家所熟知的《自己拯救自己》一书。1859年，也就是书稿完成的3年之后，这本书才终于付梓，跟全球各地的亿万读者见面。实际上，这本书的出版，有非常多的机缘巧合。

早年间，我曾在利兹给一些迷茫的年轻人做过几场关于人生的演讲。后来，那个地方都已经被辟为临时霍乱医院了。在当时的演讲中，我极其恳切地告诉那些年轻人：他们今后的人生幸福，很大程度是建立在良好的品格基础之上的，包括勤奋努力、自发学习、自我管教和自我控制等。而其中最关键的品格，是能忠诚、正直地履行个人职责，这不仅会真正带来人生幸福，也是一个人毕生最光荣的使命。

令我没有想到的是，我的殷殷嘱咐真的在那些年轻人的心里生根发芽、开花结果了。他们在步入社会之后，大都被委以重任——那是只有诚信、负责、对社会有益的人才能胜任的重要职位。他们中还有不少的人，乐于把他们在现实中取得的成功，归功于从我这位导师这里接受的心灵启蒙。

为了帮助更多的人，我萌生了将这些演讲主题写成书的想法。因为成书所需的内容比演讲要多得多，于是，在忙碌的日常工作之外，我还会利用闲暇的夜晚时间来写书。我把这本书起名为《自己拯救自己》，因为我实在找不到比这更恰当的词语了，虽然，来自他人的帮助也很重要。

当这本书终于写成之后，我把书稿寄给了伦敦的一家出版商，但却被谢绝了。当时，克里米亚战争还在进行中，几乎所有的书都卖不出去。直到我的另一本书《乔治·史蒂芬逊的一生》已经出版之后，《自己拯救自己》才在穆雷先生的好心关照下得以提上出版日程。

这本书出版之后，一下就成为市面上最受欢迎的畅销书。在这里，我要以最大的谢意感谢那些评论家们，感谢他们对这本书的褒奖和赞美。当然，也有极小一部分的声音质疑这本书被过誉了。无论如何，我对他们都心怀谢意，虽然至今我都不认识他们，他们也不认识我。

《自己拯救自己》几乎被译成了每一种欧洲语言，还在印度、日本等地出版。在美国，这本书更是被广泛传阅，其受欢迎程度甚至超过了英国。不过遗憾的是，远在英国的我可能永远都无法掌控它在美国的命运了。难以计数的盗版书在美国大肆流通着，而且奇怪的是，盗版书竟受到美国法律的保护！得到正规授权的纽约出版商，竟败诉给了未得到授权的芝加哥出版商。我实在无法理解，为什么美国的法律机构比法国、德国和意大利还要糟糕——这些国家的国际版权都是可以不经作者允许而被授予出版的。

在《自己拯救自己》出版后的13年里，我又撰写了其他的作品，其中就包括《品格的力量》。我尽力描绘了这个世界上最高尚、最伟岸的人们的形象，让大家能够看到他们是如何生活、如何行事的。在我看来，这是最能给予年轻人心灵震撼，为他们树立良好榜样的方法。伊沙克·迪士累利先生曾说："有些人认为，我们不必了解作家的生平，品读他们的作品就可以了。但是我却经常发现，作家的故事往往比他们的作品有趣得多。"我十分认同这个观点，这也是我在《品格的力量》中所力图展现的。也正如普卢塔克所说："从一个人的突出事迹里，我们很难了解到他是善是恶；要想知道一个人的真实品格，与其去了解那些光荣的战斗、重要的抉择，还不如去了解他的日记、口头禅以及玩笑话。"

又过了5年，《金钱与人生》出版了。在那本书里，我希望让人们了解到：劳动能给人带来尊严。我劝诫人们：保持节俭，因为它能保障人们的独立；供给家庭，因为这能带来长远的幸福。不仅如此，我还鼓励人们去过一种干净、清醒、坚强的生活，不要因酗酒而陷入困顿，而要不断地提升自己的美德、道德和灵性。我相信这本书为社会带来了良好的风气。自从这本书出版以来，很多政府机构开始改过自新、崇尚节俭，许多个人储蓄银行也悄然建立。

《金钱与人生》出版后又过了5年，我写出了《人生的职责》一书，这也是这一系列丛书里最后的一本。我希望它能像前几本书一样，为广大的人们带去心灵的光亮。毫不夸张地说，我已经竭尽所能，倾我所有。读者将会在这本书里，了解到世界上最优秀、最勇敢的人们，是如何用自己的一生履行职责、建立光辉事迹的。

任何伟大的事迹都是我们宝贵的遗产，它能让我们从中汲取力量。从前人的事迹中，我们能够知道该如何过好这短暂的一生。尽管这些伟大的事迹会离我们远去，但它永远是人类力量的丰碑。谁向着这些丰碑学习、进发，谁就有机会成为最杰出的人物！

尽责如星，璀璨黑暗的夜空；
仁爱如花，点缀单调的大地。

作于伦敦，1880年11月

目　录

CONTENTS

Part 11 苦难，是品格的试金石 / 187

Part 1

每个人，都能因品格美好而伟大

从一个人与他至爱的相处模式，以及他在生活细节上所展现出来的责任心，便能看出他的真实品格。

人类发展的基石和人性的伟大皆源于高贵的德行。

所有具备勤劳、正直、克己、坦诚中任何一种德行的人都会赢得人们的尊敬及信任，因为他们能使世界变得更美好。

尽管才华能受人景仰，但一个人的品格更能获得尊崇。

才华是超凡的智慧，而品格是高贵的灵魂，是心灵主宰着人的生活。

品格，是你永恒的魅力

伟大的人物都是不同凡俗的，但伟大却并非绝对而固定的。生活中有太多人失去成为伟人的机会，只因他们的世界太过狭隘。但我们依然可以诚实、健康地生活在自己选择的岗位上，尽己所能地度过美满人生。

品格，在平凡的生活中，在无任何高尚可言的岗位上，仍具有永恒的魅力。

事实上，我们可以从一个人与他至爱的相处模式，以及他在生活细节上所展现出来的责任心，看出他的真实品格。日常生活所展现出的这些品格，比他在公共场合向一般公众所展现的要真实得多。

作为托马斯·沙克维尔的朋友，阿波特博士在托马斯死后为他的一生做总结时，并没有对托马斯的政治手腕和诗人才华过多着墨，反而赞美他在日常生活中所表现出来的美德。他说："他对妻子、儿女充满了深深的爱，对朋友充满了忠诚。他温和而慷慨地对待自己的仇敌，并坚守自己的承诺。总而言之，再没有人能像他拥有如此多又如此美好的德行！”拥有高贵心灵的人也许没能拥有财富、学识和权力，但他们将自己高尚的灵魂展现在最烦琐的日常生活中，他们的品格所闪耀的光辉绝对可以和统治一个王国的帝王的光辉相媲美。

好品格，胜过一大堆学问

高贵的品格与文化知识的多寡没有必然的逻辑联系。乔治·赫伯特曾说：“少量的好品格胜过一大堆学问。”虽然我们不能否认知识的力量，但知识不应该和善行分离。我们时常会看到很多拥有大量知识的人，对拥有高官显爵者卑躬屈膝，但对社会地位卑微者却倨傲无礼，这样的人在某一学术领域内或许成绩卓著，但他们在品格上却不如许多穷困无知的人。

伯瑟斯在给一位朋友的信中说道：“我们应该尊重有才学的人，但一个博学者也许并不具备广阔的胸襟、深邃的思想、高尚的趣味、丰富的阅历、得体的举止、理智的行为、饱满的激情、对真理的渴望、坦诚温和的态度。”

当瓦特·斯科特爵士听到有人认为文学才干是最值得尊敬的东西时，他感叹说：“假如真是这样，那么这个世界是悲哀的！我曾经在书中和在现实中结识过许多学识不俗而又具备高素质的人，但我可以负责地对你说，那些贫穷而没受过教育的人，他们在面对生活的不幸与困难时，所表现出来不屈不挠的勇气和精神，一点都不比我从《圣经》中所读到的逊色。”

即使你一贫如洗，也要有男子汉的气魄

财富与高贵的品格之间，也没有必然的联系。但财富时常与堕落、奢侈及邪恶关系密切，它们常常是品格败坏的原因。如果将大笔财富让缺少理性的人一手掌握，它就只会成为罪恶深渊，更有可能成为他人灾难的根源。

伯瑟斯的父亲这样告诫他："即使你一贫如洗，也要有男子汉的气魄，因为人们不会尊重一个缺乏正直品格的人。"可见，一个人即使身无分文，但他并非因此就无法成为一个高尚的人，因为贫穷与最高贵的品格是不矛盾的。

我认识北方某地的一个工人，他没有受过高等教育，只在一个普通的教区学校接受过初等教育，并靠每周不足十先令的薪水养家糊口，但他拥有一个智者所应具备的深刻思想。他在尽心竭力地完成了自己的工作之后离开了人世，但人们却广为传诵着他在生活中所展现出来的智慧和高尚品格。

马丁·路德的生活极为贫苦，为了维持生活，他不得不去制作工艺品、种菜和修理钟表。当他去世时，人们

发现他遗嘱中所写的“一文不名且无任何财产”正是他的真实写照。但就是这样的现实生活，造就了他英雄的品格。在这方面，他比当时德国任何王公贵族都要荣耀、高尚。

你不一定要富贵尊荣，也不须聪明绝顶，但应该诚实

将人的美好理想和尊严都储蓄在品格中，品格就成为人类最宝贵的财富。拥有它的人在物质方面不一定富有，但他在生活中能获得尊敬和荣耀。毫无疑问，只要是拥有高贵品格的人都是一流的人物。

本杰明·鲁迪亚德曾经说过："人不一定要富贵尊荣，也不须聪明绝顶，但我们都应该做到诚实。"诚实是使人永久保持正直的力量，也是使人精力充沛的源泉。只要拥有诚实这笔财富，就可以让一个人在平凡的生活中显得不平凡。

除了诚实，生命的意义还在于遵循正道、坚韧不拔地追寻真理。如果一个人毫无原则地过生活，那他就如在大海中失去方向的船只。休谟说："道德是属于全社会的。在某种意义上，它是人类对抗罪恶、无秩序的准则。"

爱比克泰德，一位斯多葛学派的哲学家。有一次，一位演说家前来拜访他，并向他请教。因为爱比克泰德不甚欣赏这位演说家的品格，因此对他非常冷淡："你并非真心来向我请教，你只是想批驳我的态度。"演说家答道："是的，

假使我也沉迷于你的哲学，我就可能和你一样贫穷，从而失去广阔的田地、佣人和精致的餐具、器皿。”爱比克泰德回答说：“我需要的不是这些东西，我从不去巴结迎合任何人。我无边无垠的心灵中充满了快乐与幸福，而你的金银器皿却只是用贪婪的欲望做成的容器。你现在所有的财富对你来说都还远远不够，因为你的欲望永无止境，但我的所有对我来说都是无比珍贵的。”

以诚实品格赢得信赖与尊敬

生活中有不少人拥有丰富的才识，但他们并不因此获得更多的信任，只有拥有诚实品格的人才能获得他人的信赖和尊敬。诚实是所有人性的根本，它必须用实际行为来展现。人们之所以认为某一个人值得信赖，是因为他向人们昭示了他的赤诚，而这种赤诚是普遍获得人们尊敬和信赖的依据。

一般来说，我们辨别一个人，多是从他的品格、心地和自律能力，而非从他的学识、智慧与才干来评判。亨利·德勒勋爵曾说："智慧与善良行为的相同点很多，促使它们融会贯通，能让人类因智慧而变得善良，也能因为善良而变得充满智慧。"

因为智力与品格存在差别，所以人们在实际中所展现的影响力常和他们的智力大相径庭。正如伯克在谈及一位颇有影响力的贵族时所提出的"他的品格正是他的行为方式"一般，德行优秀的人仿佛在利用一些隐藏的力量发挥作用，而这其中唯一的奥妙就在于，这些人因其单纯而高尚的目的，引发一种对他人无形的作用力。尽管人的品格声望增长缓慢，可他的品格却会长存。有时，不幸和挫折会降临他的生活中，但时间最终会让他获得他本该获取的信赖与尊重。人们这样评价商业奇才希尔顿："假如他拥有令人信任的品格，他将有统治世界的可能。"但就是因为他没有令人信任的品格，他不时会遇见使他惊讶的事情。据说有一日，他因拖欠杜比尼薪水而被追讨，当时他十分恼火，斥责杜比尼不懂得上下尊卑。可是杜比尼反驳道："我当然了解我们的不同。我没有你的显赫出身、富有门第和完善教育，但我在德行上却比你优秀。"希尔顿的兄弟伯克却是一个品格优秀的人，他靠自己的天资和品格在三十五岁时就成了议员，并留名于英国历史。

不同的环境培育出人的不同德行，因此，西摩本尼克女士的母亲说："不要屈服于任何一件不足挂齿的小事，要不然，它将统治你。"

人类每一次的行为、想法和情感追根究底都源于所受的教育、习惯和领悟力，并且它们必将对你日后生活中的所有行为产生影响。拉斯金夫人就说过："直至今日，我还没有在自己的生活中做出明显的愚蠢行为，它们还没能够夺走我的快乐、财富、视力或智力。在过去生活中的每一次善行，现在都成为帮助我控制生活的能力，让我受益匪浅。”

物理学领域中关于作用力和反作用力的观点同样适用于道德领域：善行和恶行会对行为者产生作用和反作用。不但如此，由于模范的力量，一个人的行为也会对其周遭的人产生作用。但是，人并非只能被动受到环境的影响，他也能创造环境。因此圣·伯纳德曾说：“伤害我的只有我自己。”

好德行，让你变精神富翁

如果不努力，很难培育出优秀的品格，好德行必须要经过长期的磨炼。在这期间还要经历许多的挫折和苦难，需要战胜许多的引诱和艰难；但只要心地正直、意志顽强，你终将获得最后的胜利。在这种永不停歇的前进和跨越中，你的德行得到了升华，这会令你感到宽慰和兴奋。

在高尚人物的鼓舞下，每个人都必将使自己的品格得到升华，变成一个精神富翁。

在威灵顿学院拟订伊丽莎白女王陛下年度奖学金的草案时，女王的丈夫执意不把奖学金授给最有智慧或最好学的学生，也不授给最勤奋或最节约的学生，而是将它授予心地宽广、友善待人的学生。他执意如此的理由正是考虑到品格这种极大的影响力。

本于社会道德和理智的个人意志，是品格的最高方式。它对职位责任的尊敬超过声望，对良心的尊敬超过世间虚名。

良好的品格就是善良的心地

只靠感染力难以撑起独立的生活，如果周遭没有人可作为品格的精神基石，那生活岂不是毫无目标，像一潭无法流动的死水。

一个人在受到高尚目标的鼓励时，会立刻投身于自己的责任当中，并且勇敢奋进，不计较个人的得失，由此向人们展现了坚定的信念和勇敢的性格。然后，这人的行为就会形成一种长久的作用力，并进而影响他人的行为。正如利希特所说："他的话就是指令。"他的生活鼓舞了其他德国人的生活，他的品格成为现代德国德行的源头。

除此之外，若没有美好的灵魂，力量就可能被邪恶利用。洛瓦利斯在自己的《论道德》一书中写道："精力旺盛的野蛮人是道德最恐怖的敌人。他一旦拥有了私欲和野心，就犹如一个作恶多端的魔鬼，将灾难带临世界。"

相反地，另有一些精力充沛的人，他们的行为展现了正直的德行和责任心。无论是在生意场上、社交圈里，还是在家庭中，都能感受到他的公正。对自己的敌人，他总是给予关心、包容，就像面对的是需要呵护的老人、小孩。福克斯就是这样的人，他总会替别人着想，人们对他的信誉有深刻的印象。

有一次，福克斯在清点现金的时候，一个商人手执期票来找他，要他从手中的钱里支付。福克斯告诉商人："这钱是我用信誉作保向希尔顿借的，如果我赖账的话，他无法向我讨债。"商人听了之后撕掉了期票说："你也用信誉向我担保吧！"

福克斯为这位商人对自己的信任而感动，马上将欠款付给了他。

良好的品格就是善良的心地，良好的品格也是对高尚情操的一种敬重。若失去这样的品格，人们就不会坦诚相待，毫无信誉可言，社会就不能发展。这种敬重犹如一条锁链，将人们紧紧连在一起。

托马斯·欧弗伯里爵士说过，品格好的人懂得理性和经验的重要性，他们重视情感和信誉；他们在坚持原则的前提下，尽可能替他人着想；他们懂得自己的命运掌握在自己手中，不会守株待兔。他们毕生为寻求真理而奋斗。

良好的品格离不开坚强的意志，它使一切生机蓬勃。常言道：“坚毅者如澎湃的急流创造出属于自己的路。”坚韧的人不仅可以创出道路，还能引导人。他的行动表现出了信心和活力，因而人们尊重和景仰他们，像克伦威尔、皮特、华盛顿、路德和威灵顿，他们都是这样的人物。

品格良好，会吸引相似的人

性格相似的人会相互吸引，就像磁铁一样。纳皮尔三兄弟仰慕约翰·穆尔勋爵的清廉正直，勋爵也毫不费力地发现了他们三兄弟。帮威廉·纳皮尔勋爵写传记的作者说："穆尔对他们三兄弟品格的影响是极大的。穆尔作为他们的偶像也是一种荣耀，由此可看出穆尔惊人的直觉。"

所有进取的行为都会成为一种榜样。勇敢的人鼓励着懦弱的人，使他们能有所行动。纳皮尔曾举例：在维拉战役中，西班牙军队遭法军拦截，年轻的军官哈威洛克带领士兵奋力冲杀突围。他的行为激发了士气，最终打败了法军。

日常生活中，我们总被心地纯正的人和伟人影响着。

1878年，法国准备向美国宣战。年老的华盛顿居住在佛罗山庄，他收到亚当斯总统的信："若您同意，我们愿以您之名起兵，千军万马也敌不过您的名望。"

华盛顿答应了，这让美国人感觉自己的军队空前强大，由此可见华盛顿总统的品格和才能在国人心中的地位。

一位历史学家讲了一个故事，这是个关于出色领导的个人品格对下属有着极大感染力的故事：

伊比利亚半岛战争时，英军在索洛林驻扎时遇上了苏尔特部队的进攻，士兵们心急如焚。忽然，一个英军士兵发现威灵顿将军单独骑马上了山岗，他马上喊了起来。然后，其他士兵都看到了。大家不停欢呼，掌声如雷，苏尔特军听了心惊胆战。就在苏特尔犹豫不决之时，威灵顿部队集合起来打败了苏尔特军。

个人品格有时会有意想不到的魅力，正如庞培所说："一旦我走进意大利，军队自会随我而来。"史学家们说只要听到彼得隐士的声音，欧洲人就会挥剑进攻亚洲。某些人的名字有时也会成为进攻的号角。在奥特本，道格拉斯因伤无法领导作战，士兵们高呼着他的名字，斗志昂扬，获得了胜利。苏格兰诗中有这样的句子：

道格拉斯征战而死，
他的英名却赢得了战争。

还有些人死后仍使他人屈服。麦克雷说："恺撒遇刺身亡，地上的尸体看起来老态龙钟，却让人觉得这是他最威风凛凛的时候。”他的确有许多过错，但那一刻的他却是那么单纯可爱。伟大人物的一生就如一座里程碑，在历史上留下了深刻的痕迹，就算已离世，他的品格仍引导着后人。心地高贵的人犹如明灯，照亮了无数后人前进的路。人类的美好品德在他们的精神中得以升华。所以，大卫、所罗门、摩西、柏拉图、苏格拉底、塞涅卡、西塞罗和爱比克泰德，这些人的思想和德行仍然在影响着我们。西奥多 · 帕克说：“对一个国家来说，许多个南卡罗来纳州也比不上一个苏格拉底。即使这些州毁灭，也比不上苏格拉底对这个世界的影响。”

卓越的品格，甚至能影响一个国家

卡莱尔说，人类的历史实际上就是英雄的历史。伟大人物的观念和想法因为得到传播而变为现实，他们是新生活的象征。

爱默生说过，一些名人的身影延伸到某一种制度中，就如同穆罕默德的身影延伸到了伊斯兰的教义中，克拉克森的身影延伸到了奴隶制度废除论中。

伟大人物产生的影响不仅只是在他所处的年代，还会存在于整个民族的发展过程中。在德意志人身上，我们不难发现马丁·路德的影子；在苏格兰人身上，我们不难发现诺克斯的影子。现代意大利人受到的最大影响就是来自但丁，他的话犹如明灯，照亮了意大利人最灰暗的时期。但丁去世后，只要识字的意大利人几乎都能背诵他的一些诗篇。他们受到诗中情感的鼓舞，这对民族的进程有直接的影响。1821 年，拜伦曾写道："说但丁存在于意大利每一个角落，也许有些偏激，可是有谁能说他不值得景仰呢？"

很多才华出众的人都曾为英国人的品格定型而努力，特别是伊丽莎白和克伦威尔时期的人们。包括莎士比亚、拉伯雷、西尼、培根、弥尔顿、赫伯特、汉普登、比姆、艾略特、瓦纳、克伦威尔等，他们不是具有美好的品格就是具有强大的力量。英国人深受他们影响，将其视为珍贵的财富。

好德行，是你一生珍贵的财富

伟大的领袖总会为他的国家留下珍贵的财富，华盛顿也不例外。他所留下的绝不只是聪明、智慧，更重要的是他坦诚、公正、纯洁的品格，一种高尚的情操。

一个民族强大的源泉就是他们的英雄人物。他们的品格时刻鼓励着这个民族，让它闪烁耀眼的光芒。有位作家说："一个民族不管遭受怎样的变化，被排斥、推翻，甚至推行奴隶制，也不可能分割他们的资产。这个资产就是他们的英雄姓名和记忆，引领人们过着美好生活的这些英雄们将会活在人们的心里，并被加以赞许。他们会引导这个国家不要迷路。他们是最优秀的，因此成为后人效仿的对象。他们是榜样，永远地激励着国人。"

判别一个民族的品格仅仅看它的伟人是不够的，还要注意大多数国民的品格。华盛顿·埃尔文在艾博斯福德时，瓦特·斯科特勋爵把自己的友人们介绍给他认识，其中有农场主人，也有在耕作的农夫。斯科特说："我非常希望你能够了解他们，他们朴实且了不起。我想你能明白，一个民族的德行不只展现在伟人身上，它同样展现在每一个苏格兰子民身上。”伟人无疑代表一个民族的精神，但那些平凡的国民和实业主是民族的主体，是他们的行为给民族带来了活力。

一个民族要维持民族性与良好的品格，这要靠大多数的国民一起努力。

一个民族拥有善良、包容、诚实和果敢的品格才会被其他民族尊重；一个民族要有比感官刺激和物质追求更高尚的品格才不会被别人认为是废物，即使是返回图腾崇拜的时代，这些品格也值得尊重。

民族的强大，系于国民的品格

每个民族都应该有光辉的历史，这种光辉可以令这个民族的现实生活变得闪亮，并得到升华。寻求自由和热爱祖国会对民族品格产生影响，但最大的影响是来自这个民族所经历承受的苦难和折磨。

在现代世界中，有许多打着爱国口号、民族荣耀的恐怖主义者，其所犯下的错、制造的灾难，只能让人为其行为感到悲哀，这样的爱国情感是狭隘的。为什么不用自己的实力来展现自我，而依赖一股自视过高的偏激感情、自我吹捧，这和垂死挣扎没什么分别。这样的爱国者如果太多，只能给国家和民族带来灾难。

也有许多高尚的爱国人士和这些偏激的爱国者共存。他们美好的品格使他们的国家生机勃勃。只有了解并怀念过去的爱国者才会艰苦地寻求真理，用血泪换得国家的自主，并名垂青史。判断一个民族是否强大的标准是国民品格的高尚与否，而非疆土的大小。

虽然伟大常常和土地的广阔联系在一起，但是，疆土的大小却和民族的伟大没有关系。以色列只是世界民族中很小的一个组成部分，可是，他们建造了伟大的生活，对世界人民的影响深刻且长久。同样，希腊也是个小国，雅典比不上纽约，阿提卡的人口还没有南开郡多，但是希腊的文艺、哲学和爱国主义成就却是光辉灿烂的！雅典和罗马最终没落，是由于国民生活放荡，一味追求物质享受造成的，而先人的美德不再是他们的光荣。

宁可在战斗中失去一磅血液，

也不愿在诚实的劳动中流下一滴汗水。

因此，注定了会有另外具有活力的民族将它们取代。当年路易十四问科尔伯特："像法兰西这种土地宽广的国家我们都能主宰，为什么对荷兰这种小国家却无能为力？"

科尔伯特答道："陛下，国家的强大与否是由它国民的品格决定的，而不是它的土地。陛下之所以觉得难以征服它，是由于荷兰的国民非常勤劳、善良和勇敢。"

1608 年，西班牙国王让特使团去和海牙签订条约。一天，特使团看到从一只小船上走出八九个人，他们坐在一块草地上吃一些面包、奶酪和啤酒作为午餐。当特使团知道这些人原来是这个国家的主人后，他们明白了他们不可能征服这个国家。

由堕落的个体所组成的，不可能是一个伟大的民族。他看起来也许外表华丽，但在困难面前就会解体。

一个没有德行做支撑的民族必将走向灭亡；

一个不崇尚真诚、公正和廉洁的民族终会丢失生存的基石；

一个追求物质享受、贪图安逸、热衷教派活动的民族注定会灭亡。

Part 2

家庭，是品格的温床

一个人的习惯在家庭中养成。不管是好的还是坏的，家庭都是社会生活的襁褓。在这个襁褓里，大人把观念的种子种在孩子的心底，终有一天它将在世界显现。因此，民族的振兴开始于家庭生活。每个人孤单地来到这个世界，从周围的人那里得到教育。他的首次呼吸就是他教育的开始。

品格的基础在小时候奠定

孩提时代，极小的事情都会对他的一生造成影响。他一生品格的基础是在小时候奠定的，以后的教育都是在此基础上发展。“小孩是大人的父亲。”这句话不无道理。这让我们很容易想到弥尔顿所说的话：“一生的预告在童年出现，如同一天的预告出现在早晨。”

小孩面对着一个新天地，对他的所见感到新奇。最初，他观察；然后，他领会、模仿，将他的思考牢牢记住。当他得到了教诲，我们会惊喜于他的进步。根据布鲁姆爵士的研究结果，小孩在一岁半到两岁半之间精神和物质上得到的领悟，比以后一生中得到的总和还多。这种领悟和剑桥大学的高才生或是牛津大学的优秀学者的学问不可同日而语。因为假如要用一生来擦掉小孩在此期间所学的话，那不到一星期就可以完全擦掉这个学者的学问。

孩子灵魂的锁打开着，随时都会吸收新鲜养料，并且牢记它。孩提时代是一面明镜，镜中最初的影像会对人的一生产生影响。他生活的色调是由第一次欢喜、伤痛、成功、苦难的经验合成。

环境影响德行的形成，如果把一个灵魂高贵的哲人放进一个糟透的环境中，他也会变成残暴的人。因而不难想象，把一个纯真的儿童放在这种环境中会发生什么。在穷苦且糟糕的环境下，培育一个纯洁善良和德行高尚的人，是不可能的。

孩子的生活是从模仿开始的，因此，我们不难理解保姆对一个旅游者幼时的影响，远远大过他长大后在环球旅行中所受的各民族对他的影响。

只有给小孩一个好榜样，才能培养出他良好的德行。乔治·赫伯特说过，一个好母亲相当于一百个好学校。因为母亲能够“像磁石般吸引孩子的心，像北极星般引起孩子注意”。

培根将效仿比喻为“全球流行的教育”。但是榜样是无声的命令，是行为的指导，而不仅仅是嘴上教育。在一个坏榜样面前，再好的语言教育也不管用。其实，言行不一不仅没有好的教育作用，反而还有坏作用。孩子对一个人的言行能进行判断，说一套，做一套，将影响孩子对诚实的认识。

模仿悄悄地影响着性格的形成。就像片片雪花从天而降在雪地上，它并不显眼，但日积月累就造成了雪崩。同样，一个人行为的不断累积，最后形成了德行。

在家庭中，母亲的榜样作用比父亲大。因为家庭是由母亲来管理的，是她在处理每一个细节问题。孩子在不知不觉中时时仿效着母亲。科雷把这种影响比作小树皮上刻的字母，它会随着年龄而长大。因此可以说，孩子身上拥有母亲的德行，母亲在孩子身上重生。

母爱的影响深刻久远。每个人在工作中都会遇到困难，这时他们会去求助母亲，在母亲这里找到安慰，就算母亲去世了，她带给孩子的良好思想也会在孩子的行为中表现出来。

女性在家庭里产生的影响很大，甚至可以说决定了这个世界是幸福还是不幸，是文明开化还是野蛮无知。爱默生说："女性的善良所造成的影响力是文明的唯一衡量标准。"

母爱的熏陶，对品格的养成尤为重要

女性强过其他教育者的地方就在于她对人性的熏陶。女人是人类的灵魂，男人是人类的智慧；女人是人类的情感，男人是人类的思考；女人象征优雅，男人展现力量。每个女人都是透过感情看世界的。男人充实思想，女人却征服了灵魂。男人让我们去信任，而女人可以让我们去挚爱。我们只能透过女人得到高贵的德行。

透过奥古斯汀的一生，我们能了解父母对孩子的影响。他的父亲是个穷苦平民，努力使儿子获得渊博的知识。母亲莫妮卡却致力于培养他的灵魂，引导他向善。她也因为儿子堕落的生活而痛苦，但她没有放弃，最终得到了胜利，这位伟大帝王的德行是他母亲的善良和爱心造就的。

播种在孩子心里的善良种子，终有一天会长成美好果实。有时，在父母离世后很久，这样的果实才会成熟。

约翰·牛顿就是一个鲜明的例子。父母死后，他的青少年时期过得放浪不羁。有一天，母亲的话回荡在他心里，这让他有了积极向上的决心。

母亲，是孩子永远的慰藉

塞西曾说："无论你能活多久，前二十年占去了你人生的一半，是最漫长的二十年。"它是人一生中最宝贵的岁月。沃尔科特博士长期沉迷于声色，习惯造谣中伤，当他生命垂危时，朋友问他什么能让他得到最后的满足，他急切地说："返老还童。"也许他愿重新做人。

作曲家格雷特雷将一位伟大的母亲表现为"大自然的佳作"，这是深刻的思想。当一个母亲赋予家庭的是一个纯洁的环境时，她就带给了世界精神上的财富。

即使在一贫如洗的家中，只要有一个善良、豁达、节约和整洁的女人，就能让人感到安心和温暖。她的家人相处和睦，家就成了孩子们灵魂的殿堂、停靠的港湾、苦难中的福地，快乐源源不断地在这产生。

家庭像一所学校，大人孩子都在这里学到欢乐、忍受、职责和奉献精神。伊扎克·沃尔顿在聊到乔治·赫伯特的母亲时说："她有条理的维持着家庭，她温柔、亲切，带给每一个孩子快乐，每个人都愿和她相处。"法国普罗旺斯人说得好："失去女人，男人只会是粗俗的小孩。"

母亲，决定了孩子品格的好坏

再好的家庭，最具智慧的人也会为孩子的才智超过自己而自豪。爱家的人，会毫无保留地爱自己的国家，而母亲如果懒惰粗俗、行为不检，家庭将是一个罪恶之源，给孩子和社会带来不幸。

所以，拿破仑常说："母亲决定了孩子品格的好坏。"他认为自己的成就归功于母亲。替拿破仑写传记的一个作家说："只有母亲能指挥他。她温柔且严格，教给了拿破仑爱、尊重和服从。"

塔福勒先生在他的一份学校调查报告里写道："有人告诉我，一家大工厂在聘用某个孩子前，常常要问询他母亲的品格。如果母亲的品格好，那孩子的品格也就无须担心。但是，他们对父亲的品格却毫不关心。"

生活中我们往往发现有些父亲偷盗、酗酒，但是母亲勤劳、节约，他们的家庭就不会沉沦，孩子长大后同样优秀。相反的事情却很少看到。

至今我们也无法计算女人对孩子德行形成的影响有多

大。她们在家庭生活中的功劳是很大的，但她们却默默无闻。在伟人的传记中，也甚少提及母亲对他们德行形成的影响。

尽管只有少数女性能荣登杰出人物的排行榜，但却是她们培育出了人类优秀的德行。这一成就比她们创作出文学史和戏剧史上不朽的篇章更为耀眼。约瑟夫·德·梅斯特尔说："女人并没有写出《伊利亚特》《拯救耶路撒冷》《哈姆雷特》《菲德尔》《失乐园》《答尔丢夫》。圣彼得教堂不是她们的设计，《弥赛亚》不是她们的创作，《阿波罗瞭望塔》不是她们的雕刻，《末日审判》不是她们的画，代数、望远镜、蒸汽机也不是她们的发明。可是，每一个正直善良的男人和女人，都是她们教导长大的。这是比创作那些杰作更伟大的事。"

在自己的信件和创作中，德·梅斯特尔曾深情地谈及母亲。他认为，母亲就是天使，无人可比，是母亲教育了自己良好的德行。在他任驻圣彼得堡大使时，他经常说母亲是他的榜样，影响了他一生。

塞缪尔·约翰逊虽然长得不英俊，也不注重仪表，但他亲切温和，拥有迷人的气质。他说这是来自母亲的遗传。乔治·华盛顿是家里的长子，有四个弟妹，十一岁的时候，他就失去了父亲。母亲很有商业头脑，且极富个人魅力。她经营果园，养育孩子，这些都做得很优秀。她理性、勤劳、温柔和节约，没有在困难面前退缩。令她欣慰的是她的孩子都很优秀，这让她十分骄傲。克伦威尔的传记中也记述了许多关于他母亲的德行。在传记作家的笔下，我们可以看出她有旺盛的精力和果断的办事能力。即使在最艰苦的环境中，她依然能自力更生。她靠自己的能力给予女儿们的财富远远超过了她们的丈夫。除了公正、坦诚，她还极富爱心。即使住在豪华的英政府宫殿，她依然生活简朴，喝的是在亨廷顿郡时常喝的啤酒。正因为儿子地位显赫，所以她时时在为儿子的安全担心。

纳皮尔兄弟在童年时便受到母亲萨拉·尼诺克丝夫人高尚德行的激发，而对伟大事业产生了向往，长大后，纳皮尔兄弟身上展现出了这些德行，并指引他们生活的道路。

当说到政治家、律师和宗教学家时，人们总会提起大法官培根、厄斯金和布莱汉姆等人的母亲。她们才能出众，知识渊博。坎宁、卡南、亚当斯总统、赫伯特、佩利和韦斯利等人的母亲同样如此。布莱汉姆在说到罗伯逊教授的妹妹时，就像在说自己的祖母般崇敬。因为她使他拥有了强烈的求知欲和不知疲倦地寻求知识的德行，这让他终身受益。

坎宁无限热爱和尊敬他的母亲，他母亲是一个极有修养的爱尔兰女人。就像他的传记作者所说："母亲高贵的德行让坎宁如此依恋，她成为一股强大的精神力量，不仅被他深爱着，也为他的朋友爱戴。她谈话生动有趣，行为特别。她独特的性格魅力总是让接触过她的人着迷。"

卡南也满怀深情地谈到自己的母亲。他说自己的成功源于母亲良好的教育、长久的虔诚和教给他的远大抱负。父亲给他的是这张普通的脸和身材，母亲给他的强大精神力量是比它更有价值的东西。

美国前总统亚当斯在视察波士顿女子学校时，被学生们的致辞深深地感动。他在致答辞中说到了自己的母亲，他说："幼年时，我最感激的事就是有一位好母亲。她尽心竭力地去培养孩子高贵的德行。母亲的教育对我的一生产生了深刻的影响。"

韦斯利兄弟和父母关系很好，母亲在他们德行的形成中发挥了最大的作用，她崇尚真理，她温柔、和蔼、勤劳朴实，她不仅是孩子们的老师，也是他们的朋友。他们的博学归功于她的教育。

母亲的情感和爱好对儿子的影响在文艺领域里最常见，最为典型的是格雷、汤姆森、司各特、塞西、布尔沃、席勒和歌德的生活。母亲善良无私的德行在格雷身上得到了完全的展现。他害羞、沉默寡言，身体瘦弱，但他拥有良好的德行。母亲去世后，格雷在《墓志铭》中写道："她是许多孩子的慈爱母亲，只有一个孩子不幸地活得比她久。"格雷死后，如愿地长眠在母亲身旁。

诗人歌德也认为是才华出众的母亲塑造了自己的品格。她慈爱、热情，能够激发孩子积极向上。有一位旅游家在和她谈话后感慨地说："现在我知道歌德为什么是歌德了。"

阿雷·谢菲尔也热爱着母亲，他把母亲画进了自己很多作品里面。为了儿子的志向，他母亲做出了很大牺牲。在荷兰的多德彻特时，她就把儿子送到了利尔和巴黎学习。她在给儿子的信中总是写道："你不仅要勤奋学习，更要谦虚做人。当你感到才华出众时，将你的作品与自然比较，看看是不是惟妙惟肖。这样，你才不会骄傲自满。"

很多年以后，阿雷·谢菲尔做了祖父，他还时常想起母亲的告诫，并讲给孩子们听。1846 年，阿雷·谢菲尔在给女儿玛乔琳夫人的信里再次提到了母亲的忠告：“孩子，你的祖母常提起‘必须’这个词，你也得牢记。生活中，只有辛勤工作和无私奉献，我们才能获得丰收。只有奉献，我们才能得到舒适幸福的生活。现在，我已不再年轻，回望过去的岁月，不付出就能有收获是几乎不可能的。通常，我都是在某些快乐上做出牺牲，来得到另一方面的满足。”

法国历史学家麦克雷感伤地在书中提到了母亲，他写道：“……写到这里，我怀念起我的母亲。她那坚苦卓绝的精神始终支援着我。她离开我已经三十多年了，可是在走过的岁月里，她一直陪伴着我，活在我的心里。”“我们一起走过苦难时期，却不能一起享受幸福。幼年时，我令她伤心，现在，我却无法使她得到慰藉。甚至，她的骨灰在哪里我也无从知晓，因为当时穷困潦倒的我无力为她购置墓地！”“作为儿子，我对她满怀感激。她就活在我的言行中，时时刻刻活在我的心中。因为流着母亲的血液，我对历史和过去的岁月充满感慨和怀念。”

母亲可以对孩子的德行有良好影响，但是也可能产生极坏的影响，拜伦爵士就是这样的例子。他自小养成了目空一切、乖戾的性格。母亲粗暴无理、目中无人，这对他的幼年造成了伤害。他们常常争吵，拜伦离家出走时，母亲甚至用火钳追打他。幼年的种种造成了以后拜伦精神上的残缺，他的身上有着来自母亲的灾难性基因，疑虑、焦躁、身体状况也差。他的一首诗中这样写道：

我的思想中多了一点野性，
我长期地待在黑暗中，
大脑已无法停止旋转，
就像深陷旋涡中身不由己，
我幼时的心灵未被驯服，
生命的春天已过早凋零。

同样地，福特夫人的演员儿子也继承了她的德行。福特夫人在继承了一大笔遗产后，很快便挥霍一空，因欠债而进了监狱。儿子萨姆曾许诺每年从自己的演出费中拿给母亲一百英镑，于是，她写信要儿子兑现诺言。儿子在回信里却写道："亲爱的母亲，请原谅我没有办法履行做儿子的责任，因为我同样因欠债而入狱。"

一个天资聪颖的孩子也会因母亲糟糕的教育而毁掉。

据说，拉马丁天性忧郁，他的母亲不但没有抑制，反而向他灌输卢梭和皮埃尔学派的思想。这使他的悲观情绪加重了，最终导致了他悲伤、肤浅的人生。圣勃夫说：“拉马丁天资极高，但他却未能好好发挥。他魔笛般的天分被白白浪费掉了。”

前面提到了华盛顿的母亲具有商业头脑，这种才能不但不影响女性的魅力，反而是家庭获得安定和睦的保证。但是，那种认为只有男人应该关心事业，而女人无须过问的理论仍然存在。这是不对的，假使一个女孩子结婚后，仍对生活收支一无所知，在理家时就有可能因为单纯和无知，而使生活变得奢侈，从而危及家庭稳定，一旦经济陷入困顿，家里小孩的教育将变得残缺不完整，教导出来的子女，又怎么可能从母亲的身上学习节约与规划、勤俭与认真的美德？

不要只懂得用本能的爱去抚养孩子，应该用更多的理智去爱孩子。孩子是需要经过家庭教育来获得基本而完整的教育的。

古罗马人崇拜在家中纺织的主妇。而今，人们认为主妇只需懂得怎样让水沸腾这样简单的原理，能清楚自家附近的社区环境，这样简单的地理知识就足够了。拜伦说女人只能看《圣经》和烹饪书，这种关于女性品格和修养的观点荒唐可笑。如果每一个家庭主妇都这般无知与封闭，那人类的历史可能要倒退到蛮荒时代去了，因为孩子在主要模仿对象母亲身上，所能学习的美德将越来越少，一代一代递减，不完整的教育、残缺的人格与品格将在每个人身上展现，人类的历史也将失序和错乱。

而现在流行的另一种观点又有些偏激过当，他们认为，在接受教育、享有权利方面应该男女平等，女人和男人竞争地位、权利、金钱，男女只有性别上的区别。这样的女权主义抬头，的确让所有男人感到不安，而时代越进步，这样的消长也将越明显。因为劳动环境的不同，许多男人能做的工作，都可能被女人所取代，男女角色的区隔将不再如历史上的任何一个时期那般明显，所以在未来不管男人或女人终究必须有所调整。

不管如何调整，我认为女性最需要的是理智训练。这种训练能使女人独立自主，不会过于幼稚和盲目轻信，能懂得家庭才是快乐幸福的源泉。

拿破仑一世就曾指出法国最珍贵的东西是母亲，言下之意是法兰西民族缺少家庭教养，而这个重任只有慈善的、理性的、品格高尚的女性能担当。这一点实际上已在第一次法国革命中得以证明。可以说法国大革命是在“女人的呐喊和行动中爆发的。”可是，人们并没有记取惨痛的教训，法兰西一次次地吞咽了缺少控制、缺少柔顺、缺少尊严的苦果，这正是由于没有在家庭里学会这些德行的。每一个民族的德行都是由女人决定的。女人德行高贵，这个民族一定强大昌盛；若女人德行缺失，这个民族一定恶劣。

Part 3
学习，让品格愈发壮大

在和别人交往的过程中想要不受影响，是不太可能的。人天生拥有模仿本领，朋友的言行、习惯、思想观念都会在我们身上留下痕迹。伯克说：“榜样不是可有可无的，相反地，它举足轻重。榜样能培养出更多的优秀人物。”伯克在写给罗金汉姆侯爵的便条中说：“坚决地学习榜样。”这正是他自己的座右铭。榜样的影响是无声无息的，但它持续不断。只有在和极易被感染或感染力很强的人在一起时，这种影响才变得明显。但是，我们不能否认感染无所不在。

不要小看了同伴的影响

爱默生发现共同生活多年的夫妻会慢慢变得相似，若这种说法正确，那么成长中的年轻人就更易受到旁人的影响。

查尔斯·贝尔勋爵在一封信里说："我们说了很多有关教育的问题，但忽略了很重要的一点，那就是楷模的作用。我哥哥是我的榜样，我透过对他的仿效学会了自立，而这是我受到的最好教育。"

柏拉图曾训斥一个玩无聊游戏的孩子。孩子反驳说："这样微不足道的小事也值得你谴责我吗？"柏拉图说："如果长期这样，它就不再是微不足道的小事了。"一些不起眼的坏行为一旦养成习惯后，就如魔鬼附身。当人们抵挡不了陋习时，就成了它的奴隶。"朋友最相知"是一句常听到的谚语。一个有自制力的人和酒鬼不会相处融洽；一个具绅士风度的人不会和野蛮人交往愉快；一个洁身自爱的人不会和放浪不羁者建立友情。

与堕落的人往来，是自我贬低。塞涅卡说："害处也许不会立即表现出来，但它会埋在灵魂里，终有一天会生根发芽。”

受到良好教育的青年人会自己寻找好的榜样。就像拉伯雷所写的《巨人传》里的主角，我们的灵魂因那些高尚的人闪亮。西班牙有句谚语说得对：“和狼一起生活，你也会学狼叫。”

即使和一个平凡人交往，只要他是自私自利的人，就或多或少地会影响到你果敢、包容、博爱的德行。

一个人的新生活也许就是因为朋友的一句话、一个提议而开始的。

亨利·马丁的生活就是受了中学时期一个朋友的影响。那时马丁体弱多病，极其敏感脆弱，几乎不参加学校集体活动。他遇事急躁，大孩子常常戏弄他。在他受到取笑时，一个身强体壮的同学总会帮助他，他们建立了深厚的友情。在剑桥的圣约翰大学，他们再次相遇，友谊越加深厚，这位同学成了他人生的榜样；在他高尚的情操激励下，马丁寻求真理，最后建立了高尚的事业。

德行优秀的人，他身上的良好德行会在与人的交往中广泛传播，使和他来往的人也变得优秀。东方寓言里有这样一段话："一块散发着芬芳的土壤说自己本来是一块平凡的土地，只因种了玫瑰而芳香四溢。"

卡农·莫利斯说："善良和邪恶的行为都是不断繁衍的。就像石头丢进水里，会引起一圈圈的波纹，直到它们全部扩散至岸边。"

榜样的力量

榜样有好有坏，好的就会培养别人的美德，同时也是抵制邪恶的最强武器。

善行有无法抵挡的魅力。真正的王者会被善行所激励，也会引导人类的心灵。尼科尔森将军临终前让人转告赫伯特·爱德华兹勋爵，“我多么愿意和你继续生活在一起。我对你个人品格的景仰绝不会因世事而受到影响”。

我们能感觉出，那些品格高尚的人身上似乎力量无穷。他们精力充沛，就像吸入了新鲜空气。

青年人常常会因对伟人的惊鸿一瞥而受到感染。他们果敢、诚实、和蔼和包容的德行让他们不自禁地崇拜。夏多布里昂因为与华盛顿的一次见面而受到终生的鼓舞。他在描述中写道：“从他面前走过的我，对他来说是一个陌生人。他地位显赫，我默默无闻。在他的记忆里，我的名字也许存留不到一天。但是，他看着我，这让我温暖，满心喜悦，感受到了无穷的力量。”

弗雷德里克·伯瑟斯在他的朋友莱布尔死后写道：“他

是个了不起的人！在他面前，卑鄙的人感到恐惧，诚实的人感到有了依赖，他是年轻人的精神支柱。”

挂在房间里的伟人肖像同我们心心相连。看着他，我们感到亲切，心灵不断地向他靠拢。

法拉第对廷德尔教授的影响很大。廷德尔教授说：“他工作出色，和他交往你会感觉灵魂得到了升华。他精力旺盛，这让人感动，他谦虚、乐观，令人终生难忘。”

品格是最好的影响力

沃兹沃斯的妹妹多萝西对他的影响就很深，他把妹妹看作带来人生幸福的人。她温柔的德行为他的灵魂开创了通往诗歌王国的路途：

她给了我听觉和视力，
给了我照顾和愁绪。
我的心，思绪翻飞，
充满了感谢，爱和欢乐。

透过一个人的德行和潜力去影响另一个人的德行和潜力，这是人类之间发生影响的一种重要方式。每个人都会受到身边充满热情的人的感染。热情的人身上的活力让每个人都迸发出生活的激情。

人们身上的勇气和热情常被天才的能力唤醒，而人们对独特思想的崇拜造就了伟大的英雄。

伟大精神的影响还能得到精神回应，这种回应相当广泛。我们看到，但丁之后，彼特拉克、薄伽丘、塔索等许多伟人的诞生;在他们身上,弥尔顿学到了忍受闲言的耐力;在但丁苦难生活的激励下，拜伦写出激昂的诗篇；吉尔多、奥卡拉、安吉罗和拉斐尔这些伟大画家创造了无数名作。

圣勃夫说:“根据一个人的崇拜对象，至少能了解他的志趣和品格，可以判断他是什么样的人。”卑劣的人会崇拜卑劣者;粗俗的人会崇拜有钱人;逢迎拍马的人会崇拜头衔、权贵；诚实勇敢的人崇拜的是坦诚和勇气。

青年时期正是德行形成的时候,崇拜的热情最高。这时,如果不能让他们崇拜英雄，他们也许就会去崇拜恶魔。

诗人罗杰斯常说起他童年的愿望就是见到约翰逊博士。可是，站在约翰逊位于博尔特科特的家门口，他却不敢敲门。儿时的伊萨克 · 迪士累利因为同样的愿望来到博尔特科特。遗憾的是，他敲开门，仆人却告诉他约翰逊几小时前离世了。

心胸狭窄的人不会轻易地崇敬他人，他们崇拜卑劣的事物，而不是伟大的。逢迎拍马在阿谀者眼里就是一种美德。名利场中得志就是势力小人的追求目标。人身上的肌肉多少就是奴隶贩子心里的价值。

当尼尔勋爵指着教皇，告诉一个几内亚商人站在他面前的是两个伟人时，这个商人说："你伟大与否我不懂，但长得不行。你们都不如我贩卖的那些人，从你们的骨和肉看，最多卖十个金币。"

罗谢弗古尔德有句格言，我们的好友身上即使有毛病，但他还是让我们感到愉快。只有心胸狭隘的人才会不满别人的成功。一个人若不具备广阔的胸怀和健康的心态是极其可悲的。在有些人眼里，别人的成功是对他的侮辱。这就是人们讨厌的"嘲弄者"。他们受不了别人比自己强。在同一件事情上别人比自己做得更好，这是他们最无法忍受的事情。当他们遇到挫折时，他们不仅尖酸刻薄，甚至污蔑对手。

卑鄙的人只有对邪恶的事物才不会讽刺挑剔。对美好事物的挖苦是对他们畸形人格的安慰。乔治·赫伯特说："智者如果不出错，愚蠢的人就会如坐针毡。"

智者能从笨蛋的言行中认清愚蠢，但笨蛋却很少能从智者的行为里获益。一个德国作家说过："努力去挑一个伟人或一个盛世的毛病，那是一种悲剧性格。"让我们以博林布鲁克为榜样，有人在说到马尔伯勒的一个有待考证的缺点时，他说："就算这个缺点是真的，他也是一个伟人。"

出于对英雄的崇拜，我们会去接近他。特弥斯托克斯年少时就受到当时的英雄所鼓舞，希望为国效力来赢得荣誉。当战火燃起时，他陷入了沉思。他对朋友说："密尔梯尔德斯战争纪念碑让他彻夜难眠。"他长大后成了雅典军队的统帅，把波斯侵略者从雅典的土地上赶了出去。

修昔底德幼年时在听希罗多德朗读历史著作时泪流满面，他在心中发誓要做像希罗多德那样的人。而德摩斯迪尼决心做辩论家也是因为听了科尼斯特图斯的演讲。

很多人仿效伟人的做法来塑造自己的品格。不管是军人、政界要人、辩论家、爱国人士，还是作家和艺术家，他们都曾透过模仿其他伟人提高了自己的素质。国王同样也会尊崇伟人。

朱利叶斯三世总是让安吉洛和自己平坐着聊天。查尔斯五世还曾为画家第欣让路。有一次，第欣的笔掉在地上，查尔斯五世弯腰将它拾起，说："你值得一个国王为你效劳。"

海顿年轻时非常崇拜声名卓著的波波拉，并决定做他的仆人。他细心地替大师收拾衣服，擦亮皮鞋，梳理头发。

开始时，波波拉并不喜欢他，不久便发现了他的才华，对他变得亲切了。后来，海顿经过他的指导成为著名的作曲家。海顿也很崇拜亨德尔，说他是“所有人的祖师”。莫扎特也说过：“亨德尔犹如闪电般耀眼。”贝多芬把亨德尔尊为音乐之王。在贝多芬生命最后的日子里，朋友送给他亨德尔的四十卷作品。他将这些作品放在卧室，看着它们，他双眼闪亮地说：“这就是真理！”海顿崇拜的不只是那些前辈，他也敬佩同时代的贝多芬和莫扎特。卑鄙的人嫉妒同行，品德高尚的人却会彼此欣赏，相互爱惜。海顿写过一段关于莫扎特的话：“在音乐界里，得到莫扎特大师的推崇是我最大的心愿，他绝世的作品令人折服，现在，只要想起那些特级乐队或皇宫没有聘请他，我就怒气冲天。请原谅我的失控，我实在太喜爱他了！”莫扎特对海顿同样满怀敬意。他对一个批评家说：“先生，我俩加起来也比不上海顿。”莫扎特在第一次听贝多芬演奏后说：“等着瞧吧，这个青年将闻名于世。”

巴芬非常崇拜牛顿，他把牛顿的相片挂在工作室里。席勒极为景仰莎士比亚，长期以来，他专心研究莎士比亚的著作，了解越深，对他的感情也越深。坎宁对老师皮特深深崇拜。他说："他活着时，我满怀真诚；他死后，我仍将对他的忠诚带在身边。"

伟人永存在世人心中，我们时时以他们为榜样，深受益处。科布登先生死后，迪士累利在为议院演说时说道：

"在我们感受伟人离去的悲伤时，如果说还能有一丝安慰，那就是他们并未从我们身边完全离开，他们的思想仍在帮助我们解决纷争，他们的话语仍被我们挂在嘴边。他们的身体虽然没有在这里，但精神和我们每一个人同在。他们不会被选民左右，更不会消失在岁月的长河中。科布登先生就是一个例子。"

伟人的传记教育我们如何做人，让我们学会自强。伟人能让现实中卑微的人从景仰期望中赢得勇气和自信。英雄永垂不朽，他们的精神指引我们前进。他们的高尚德行是永久的财富，将代代传承，发扬光大。

中国有句话："圣贤者百代师。"在圣人的教育引导下，愚蠢的人会变得聪明，懦弱的人能充满勇气。伟大人物的格言和事迹会常存在人们的灵魂里，帮助生者，慰藉死者。亨利·马丁说："最可悲的死亡是，和伟大人物比起来，除了平庸什么都没有的死亡。"

Part 4

奋斗，让品格历久弥坚

只有付出汗水得来的东西，才会懂得珍惜，这是永恒的真理。工作后的休息有益身心健康，纯粹的休闲让人空虚，因为人如果不劳动，就不会有幸福。斗志昂扬的劳动能凝聚成动力，人类能从中体会创造的美好。

懒惰，是最具侵袭力的人性

不管是王公贵族还是平凡小人，懒惰无孔不入。个人或国家都可能因懒惰而毁灭，在世界史上，它留下了最坏的脚印。因为懒惰，一座小山人们也不愿翻越；因为懒惰，再小的困难人们也不愿突破。懒惰的人只可能是生活的失败者。人们一旦背上懒惰这个卑劣的包袱，就会丧失斗志，成为对社会无益的人。

《忧郁的剖析》是英国圣公会牧师伯顿的著作，书中有许多精辟独特的见解。伯顿说："懒惰像毒药一样毒害人们的肉体和灵魂，它滋生邪恶，伴着歹徒休息、睡觉；懒惰是恶魔，轻视懒惰的人，如同唾弃懒惰的狗。一个聪明的懒惰者必然会成为恶徒，会带来灾难，因为魔鬼占据了他的灵魂里本属于劳动的位置，他们心里乌云密布，没有快乐！"

该书的最后一段展现出了深刻的思想："你必须记住，无论如何不能向懒惰和抑郁示弱。只有这样，你的心灵才不致坠入深渊，才能有快乐和幸福，有所依靠。就像田里不长稻子就会杂草丛生一样。”好逸恶劳的人总盼望天上掉馅饼。懒惰像魔鬼般在夜里敲开懦夫的心门，折磨耍弄他们。

懒散的人不可能得到幸福，幸福只会降临在勤劳的人身上。懒惰让人空虚绝望。劳动需要精力，它也让人充实而精神焕发。因而，一位智者说劳动是治病的良药。门兹的大主教说："人的身心如同磨盘，放进麦子，就会磨出面粉，不放进麦子就不会得到面粉。"

懒惰者不愿劳动，却总为自己找借口。"路上有吃人的猛兽。""那山没有上去的路！""我试过很多次，都失败了。"塞缪尔·罗米利先生在写给一个懒惰者的信中道："我认为，时间不够这一类的说法只是美丽的借口。没有人反对每个人都该把工作做好，只是懒惰者往往在做不好时，甚至不肯尝试的情况下，就推说工作不适合他。如果很多人都这样想的话，后患无穷。"

不劳而获是懦夫的想法

只有付出汗水得来的东西，才会懂得珍惜，这是永恒的真理。工作后的休息有益身心健康，纯粹的休闲让人空虚，因为人如果不劳动，就不会有幸福。

一个四十多岁的乞丐进了法国的布林勒监狱，在狱中，他在右臂上刺了这样一句话："我被过去欺骗，被现在煎熬，被未来恐吓。"这话说中了天下所有懒惰者的心。

无论你贫穷，还是富有，官居显要还是默默无名，都应该努力工作，尽心尽力。那些世袭的贵族和艰苦奋斗而出人头地的人相比，都应该为不劳而获的享受而感到耻辱，因为懒惰不是光荣的行为。就像斯坦利勋爵所说："一个懒惰的人，无论他有多亲切，无论他有多出名，他永远也不能体会到真正的幸福。"塑造高尚德行的基础是热爱劳动，努力工作才不会被卑鄙思想侵害。有人认为足不出户就可以躲避烦恼，但很多人的实践表明，这是不可能的。烦恼不是可以逃避的东西！

就算只从个人享受的角度来看，也必须劳动。斯科特先生说："当我们替别人工作，辛苦劳动时，也能得到幸福，也会香甜地进入梦乡。"

生活中有累死的人，但有更多因放纵享乐而死的人。斯坦利勋爵在格拉斯哥大学讲学时说过，安排周到的连续劳动对健康无害，这话说得有道理！

一个人的年龄不能作为生命价值的评判标准，应该看他的事业及付出的劳动。空度年月、庸碌无为的饭桶，活得再久也是废物，他们的人生没有价值。

拿破仑在参观机械工业时，很崇敬那些发明家，当他离去时，他向他们鞠躬致敬。有一回，他和巴贡贝夫人参观圣赫勒拿岛，巴贡贝夫人对那些挑着货物出售的粗人大为不满，喝令他们让道。拿破仑却说："夫人，请你尊重他们。"地位最低下的劳动者所付出的汗水，也是对社会的贡献。中国有句俗话说得好："一夫不耕一人挨饿；一女不织一人受冻。"

勤奋会让人获得长久的快乐

不论男女，坚持劳动都会幸福快乐。如果不劳动，女人也会变得精神萎靡，日久天长，身体会受到摧残。卡罗琳·伯瑟斯对刚出嫁的女儿说："儿女们外出旅游，我就会像白天的猫头鹰精神恍惚。如果你常感到空虚、无聊，这是一种危险的状态，你一定要坚持劳动来战胜无聊。辛勤工作会为你带来快乐。你祖父有句话说得很对，魔鬼用懒惰设置了陷阱，稍不注意就会掉下去。"法国著名画家格勒兹说过，好的工作是指引我们走向幸福的路标。许多名人的经历都证明了这一点。

查尔斯·兰博曾在东印度公司当文书，工作单调又枯燥。时间久了以后，他非常讨厌这份工作。后来，当他不再做这种单调的工作以后，他感到重获自由。兰博高兴地给他的朋友写信："我简直按捺不住狂喜的心来提笔，我解脱了，彻底解脱了！我的心跳动不已！我的下半生自由了，如果你愿意，我可以卖给你一些空闲时间，显然无所事事或干点简单工作是最快乐无忧的日子。"兰博度过了漫长无聊的两年，他在享受清闲的同时，心情却发生了剧烈变化。这时，他才明白自己其实很适合那份枯燥的工作。时间从朋友变成了敌人。在写给伯纳德·伯顿的信中，他写道："我现在才知道，没事可干还不如繁重的工作。不劳动，你的灵魂就会受到煎熬，我每天总在徘徊，在谋害着时间。"

司各特一生都没有停笔，他最懂得全心全意。就像洛克哈特说的那样，世界各国的历代领袖中也少有司各特这样醉心工作的人。司各特总是教育孩子们要勤奋，他说成功和幸福都来源于勤劳。他在给求学的儿子查尔斯的信里写道："我必须向你强调，勤奋是上帝赐予我们的礼物。成功要靠勤奋和坚持不懈的努力。农夫劳动得到收获，富翁在工作中感到充实，我的孩子，你正处在人生中最美好的时期，你年轻、聪明，正处在学习的黄金季节。如果你现在荒废掉，老了以后会独吞苦果。"

和司各特一样，塞西也视工作如生命。他在十九岁时写下了这样一段文字："我羞愧难当。现在我已度过了四分之一的生命，对社会毫无贡献。农夫替人驱赶乌鸦也可赚两便士养家，我却像寄生虫般生活着。"其实，塞西很勤奋，阅读了大量的英国著作，透过翻译，他结识了塔索、阿里奥斯托、荷马和古罗马诗人奥维德等著名文学大师，但是他总感到彷徨，希望能专心于某一件事情。之后，他在文学事业上倾注了毕生的精力。

从一个人喜欢的名言可以看出他的品格。司各特最喜欢的是“一刻也不能闲着”；苏格兰历史学家罗伯逊最喜欢的是“有知识才有生活”；伏尔泰钟爱的格言是“工作就是生活”；自然学家拉西比德的人生格言是“生活就是观察”，这也是普林尼喜欢的格言。波舒衷读大学时学习努力，同学笑称他为“一头总在劳作的耕牛”。

努力不仅能锻炼技能，还能带来成功

工作能锻炼人类的克己精神，同时也是人类的一种能力。工作有时不一定会有成果，但在工作中人们思维清晰，节律加强，养成团结互助的习惯。所以，劳动无论如何都胜过懒惰。劳动锻炼人的技能，增强人的自制力和团结精神，这些都是成功的必要条件。人们在工作中提高效率，善于思考，这使人们在关键时刻能坦然面对，闲暇之时尽情享受轻松。

柯勒律治说："懒惰者是在浪费时间，勤奋的人把时间和生命融为一体，他们不用感觉体味时间，而是用心灵。他们把时间视为朋友，不能亏待，否则会心怀愧疚。一个尽心尽力的仆人也很守时，但时间没有和他的生命融为一体，他们只是生活在时间里。"

工作是老师，教授我们各种方法。人们也在沟通交往中学习和体会工作的方法并且透过各种途径学习掌握世事的方法。在培养这方面能力的同时，勤劳、专心、自控、善良、博爱等优秀德行也得到培养。

醉心于工作的人才能体会到真正的幸福。没有高贵的德行、良好的修养，幸福就会少了铺路石。把眼光放远一些，我们能知道劳动造就良好德行，良好德行又会提升才智。

文学修养再高，思考得再多，如果没有经过现实劳动的磨炼，不可能形成优秀的德行。值得反复强调的是，任何优秀的德行都是在仔细地观察和反复的实践中养成的。

特洛楚将军说："只有一生都在打铁，你才能做一个好铁匠。"

司各特还有一种良好的德行，就是尊敬生活中所有有才能的人。他公开说，那些普通的劳动者和达官显贵甚至领袖人物一样优秀，他们只是工作岗位不同而已。

伟大人物都思维缜密，心细如发。威灵顿将军在西班牙任联军总指挥时，连士兵怎样做饭他都做了安排。在印度作战时，他对小公牛每天的行程做了规定，每天都要仔细检查装备。他善于策划，使他的部队作风顽强。部下对他既敬且爱。

勤奋也需要从细节抓起

拿破仑手下的大将朱诺率领法国军队到达门迪戈河岸时，威灵顿还在河口写作战计划。恺撒带军翻越阿尔卑斯山时，写了一篇有关拉丁修辞学的文章。罗马司令官华伦斯坦率六万兵马作战时，军中牲畜病了，面对敌军迫近的危险，他竟还能镇静地下令救治牲畜。

华盛顿也是一个细心而勤奋的人，他小时候的手抄课本至今完好无损。人们发现，十三岁的他就抄写了许多笔记、账单、收据、契约之类的东西。他抄写仔细，正是这种细致认真的工作锻炼了他日后处理大事的能力。

伟大的作品是艺术家历经磨炼创作出的；传世著作是作家用尽心智写出的；胜利是官兵们作出牺牲换来的。所有的画家、作家、战士都是用血泪和汗水换来荣誉的。

那些优秀的管理者也会面对许多困难。看起来，他们的工作没有流血牺牲，并不惊天动地。实际上，他们的工作与那些艺术家和士兵们一样需要吃苦耐劳。

有一种看法认为伟大人物不应该在意生活中的细节，

这是可笑的。其实，真正的伟人不会轻视日常琐事，他们都勤劳细致。即使是通常认为很卑贱的事，他们也会投入满腔热情。在处理这些琐事的过程中，他们的才能得到增长。优秀的德行和伟大的作品一样，需要在实践中日积月累才能形成，忽视细节必定做不了大事。

辛勤劳动，才能锻造出才华

勤劳的人在治理着这个世界。

路易十四认为“治理国家靠的是勤勉”。历史学家克拉伦登在谈到英国国会领袖、税务专家汉普登时说：“他很勤奋，他不会屈服于任何繁重的工作，他身上没有懒惰可以留步的地方。”汉普登从未对繁重的工作有过抱怨。他在写给母亲的信中说：“多年来，我一直为国家和国王陛下工作，我无法尽我的孝心，就连给你们写信的时间都没有。”

英国有很多政治家也和汉普登一样是敬业的人。这是众所周知的。

英国政治家、下院议员科布登在忙于废除谷物法的时候写信给朋友：“我像马一样狂奔，没有休息的时候。”布莱汉姆勋爵是出名的工作狂，帕默斯顿勋爵年老时比年轻时对工作更投入。他对员工亲切幽默。办公室里堆积的工作总是令他兴致勃勃。他常说：“工作让人充实，工作带来健康。”爱尔维修认为，空虚无聊会使人变得凶残，勤于工作才能避免它。

勇敢面对现实，勤奋地工作，人身上潜在的热情就会被激发出来，它必将让人才干大增，热爱生活。任何时候，人们都能在工作中得到幸福快乐，这是永恒的真理。

许多英国作家原来从事的都不是文学工作。英国诗歌之父乔叟早年是军人，当过海关审记员。这是一个需要专心专意的工作，不能出错，每天他都要把海关公署的账整理好才能回家。这时他才能看自己喜欢的书，随心所欲地思考，直到累了才睡觉。

伊丽莎白时代，大家追求金钱和物质享受，很少有人会从事文学，而经商的人却很多。那时，斯宾塞任爱尔兰代理勋爵的秘书；大作家罗利先后当过士兵和朝廷侍臣；培根在做国王的掌玺大臣和法官之前，是一个小律师；布朗曾在诺维奇当医生；胡克在乡下当过牧师；莎士比亚开了一家小戏院，是一个不起眼的小演员，最大的兴趣不是文学，而是投资赚钱。那些优秀的作家都是辛苦工作的人。伊丽莎白时代和詹姆斯一世时期，英国不仅商业发达，也涌现了大量优秀的文学家和文学作品。

查理一世时期，弥尔顿正在英国工作。他起初担任拉丁文秘书，后来又当国王的助理，早些年他还任过地位卑下的教职。约翰逊博士说："很显然地，不管做什么工作，他都兢兢业业。"帝国政治复兴时期，弥尔顿离开官场，致力写作。

很多著名学者都曾在英国安娜女王手下任职，如艾迪生曾任国务卿，斯梯尔曾任印花税委员会会长，普赖尔曾任政府副总理大臣，后来任爱尔兰司法长官；而康格里夫曾是杰马卡的秘书；杰伊也曾是驻汉诺威使馆的秘书。

看起来，这些工作和科学文艺相差太远，实际上它们有着本质的联系。科学发明和文学创造的源头都是来自生活。伏尔泰认为，离开生活就不会有文学。多彩的生活和超人的智慧，理论和实际，它们紧密结合才能创造和发明新事物。天才脱离了生活无法创作出有生命力的作品。

很多传世佳作并非出自职业文学家之手，而是与文学无关的人写的，写作只是他们的一种爱好。因而，文学并非高不可攀。但是，没有丰富的社会阅历，职业文人也无法写出好作品。

以前，意大利的许多著名文学大师也都是文学爱好者。《佛罗伦萨史》的作者维兰尼是商人；但丁、彼特拉克和薄伽丘都曾任过大使；但丁在做外交家以前，还是一个药剂师；

伽利略、伽凡尼曾行医；喜剧作家哥尔多尼曾是律师；诗人阿里奥斯托曾是商人，后来担任罗马一个暴乱地区的总督，在他任职期间，公正廉洁，歹徒也为之折服。有一次，他在树林里遭绑架，当歹徒们知道绑的人是阿里奥斯托时，马上把他护送到了一个安全的地方。《万国法》的作者维泰尔是著名的外交家和商人；《巨人传》的作者拉伯雷曾是医生和律师；席勒当过外科医生；塞万提斯、西班牙剧作家卡尔德隆、葡萄牙诗人卡蒙斯、笛卡尔等人早年都曾当过士兵。

务实工作能创造不朽

许多英国作家都是务实工作的人，我们只知道他们的著作，对他们的生活却一无所知。利洛靠加工珠宝维持生计，业余从事戏剧创作，写出了传世佳作；沃尔顿·伊沙克是舰队街上的麻织品小贩，空暇时才能看书；笛福帮人管理商店，做马匹、砖瓦生意，还当过政客。

作家塞缪尔一面在索尔兹伯里大楼里经商，一面写作，并把写的小说拿来出售，他的《帕美勒》《克拉丽莎》和《查尔斯·葛兰迪森爵士》等书信体小说对18世纪文学产生了极大影响，《帕美勒》被称为英国第一部小说。

伯明翰的威廉·哈顿也是将出版生意和写作结合了起来。他在自传中写道：活了半个多世纪还不知道自己到底是干什么的，直到有人看了他的《伯明翰史》后告诉他，他才知道自己的书店里有许多文物，可以称得上是个文物收藏家了。富兰克林不仅是著名的作家、哲学家和政治家，同时也是有名的印刷工和书商。

艾略特是个商人，他利用业余时间创作了许多诗歌，在当今诗歌界颇具声望。伊沙克·泰勒全家都在曼彻斯特当棉布印花厂的雕刻工，但他写出了《激情的历史》一书。

斯图尔特·密尔早期的著作都是在他当东印度公司的首席检察官时完成的。《噩梦隐修院》的作者查尔斯·兰博和文学家埃德文·洛利斯都曾在东印度公司任职。英国女作家麦考利的著作《我的荒芜世界》是在她当战地记者时写的。众所周知的是，荷尔普斯先生那些机智的作品是在他经商时写的。

许多政治家和军事家都爱好文学，他们利用业余时间进行创作，并写下了不朽的作品。战争文学的经典之作《高卢战记》就是恺撒从军时写的；《远征记》《希腊史》《回忆苏格拉底》等著作是古希腊将领色诺芬在长期的战争生涯中写下的。他们文笔优美，风格独特，是文学界的奇葩。

总之，一个人从事一份有益的工作，就能够拥有希望和幸福。好的工作像春雨一样给人带来生机和活力，是开启幸福之门的钥匙。

做些智力活动并不比其他劳动更让人疲惫，每个人都要根据自身的身体条件来工作。过度劳累有损健康，游手好闲更对身心有害。

但是值得注意的是，疲劳过度会拖垮强壮的体魄，带来烦忧，弊大于利。就像汽车没有摩擦不能前进，可是摩擦太大，轮胎就会爆裂一样。

Part 5

勇气，让人穿越生活的藩篱

人生最不幸的事情之一就是胆怯。勇气能造就许多人的成功。所谓勇气是坚持不懈、不畏艰难，为真理和义务而努力的德行，而不是逞能的匹夫之勇。

真理属于敢于挑战的人

伽利略作为一个殉道者的名声甚至超过了他在科学上的名气，教会谴责他关于地球运转的观点是异端邪说，将他终身监禁在罗马，甚至在他死后，他的遗体也被禁止放在墓室。

伽利略和布鲁诺因揭示了真理而被视为异端分子，维萨里因解剖尸体研究人体构造而被认为是亵渎神灵。宗教法庭宣判他死刑，在西班牙国王的游说下减为往罗马朝觐。他在回程途中因穷困和疾病死于桑德。

哲学家弗朗西斯 · 培根发表了《新工具》一书，遭到了强烈的反对，指责他有可能导致“危险的革命”。一个叫亨利 · 斯塔布的博士还写书反对他的新哲学，痛斥所有经验主义哲学家。英国皇家协会认为“经验哲学动摇和颠覆了宗教的根本”。

拥戴哥白尼学说的人惨遭监禁，开普勒被指责为异教徒，牛顿因万有引力被指控，富兰克林因揭示了雷电的成因背上了“推翻上帝”的罪名，斯宾诺莎因他的哲学理论差点被暗杀，笛卡尔和洛克也被斥责蔑视宗教。正是这些历史上伟人们无畏的勇气和献身精神，才有了一块块新知识领域的开拓。不管受到多大的艰难险阻，他们也朝着光明勇敢前行，这就是为真理而战的勇气。

无论男女老幼，为了问心无愧，很多人能在失去同情和鼓励的环境里坚持下去。这种勇气甚至高过烽烟弥漫的战场上激发的勇气。因为在战场上，至少还有战友的鼓舞。

这些人的名字或许会被时间冲淡，但他们身陷困境时表现出的勇气，却为我们留下了对未来的展望。

莫尔被监禁在伦敦塔期间，妻子没有给他带来半点安慰。她不能理解莫尔为什么不依照国王的意思做事，那样就能重获自由。

有一次，妻子问他："人们都说你很聪明，可是你却宁愿待在这个肮脏简陋的监狱，也不愿按照主教们的意思去获得自由。"

莫尔平静地说："华美的住所怎能比得上伟大的真理呢？"妻子轻蔑地说："你简直太愚蠢了！"但是，在莫尔被禁的时候，女儿玛格丽特·罗波尔却始终支援和安慰着父亲。刚正不阿的莫尔最后惨遭杀害，头颅被悬挂在伦敦桥上，玛格丽特勇敢地请人们取下父亲的头颅，并要求死后与父亲合葬。多年后，人们多年后打开她的墓穴，发现她将父亲的头抱在自己怀里。

勇气让人不会受辱

马丁·路德虽然没有为信仰献身，但从宣布反对教皇那天起，生命就一直受到威胁。他一个人开始了艰苦的奋斗，形势对他极为不利。他说："一方是教士们，他们神圣不可侵犯，受到大众的爱戴；一方是路德，弱小且只有几个朋友。"当国王要他去沃姆斯解释他的学说时，朋友们都劝他逃走以保全性命，但他欣然前往。他说："也许那里的魔鬼比这里的要多三倍，但我还是要去。"路德是个说到做到的人，他踏上了危险的旅途。在见国王前，一个老将军拍着他的肩膀说："虔诚的人啊，你将经历比任何人经历过的更艰险的战斗，小心自己的言行。"

史书上记载了路德见国王的场面，这是人类历史上最光辉的篇章。当国王要他放弃信仰时，他坚定地说：

"陛下，只有它违背了事实，我才会认错。否则，绝不放弃，我不会违背自己的灵魂。"

正是由于马丁·路德的勇气，伟大的人权得到了护卫，思想得到了解放。据说，厄尔·斯特拉福德走上断头台时，昂首挺胸，俨然一副将军的模样，而绝非犯人。英国的约翰·埃利奥特也在同一地点就义。行刑前，他说："纯洁的灵魂高于一切，我可以死一万次，却不能让我的灵魂受到玷污。"埃利奥特最不舍的是妻子。在经过塔楼时，他从马车上站起来，向在塔楼的窗户边注视他的妻子挥舞着礼帽，高喊着："亲爱的，对不起，我要把你独自留在这地狱里，自己去天国了！"在游行途中，有人大声喊道："这是你坐过的最光荣的椅子。"他回答说："是的，你说得太好了。"

成功被看作上天付给辛勤劳动者的报酬，因为他们是在看起来没有成功希望的情况下，坚持努力，才最终获得了成功。他们心中有美好的希望，播下的种子总有一天能开花结果。但是，成功的路上常常布满荆棘，往往是尝尽了失败的痛苦滋味，成功的喜悦才姗姗而来。很多人在路上就被汹涌的波涛吞噬。他们的成败不应该以结果来评价，而应看他们在奋斗过程中付出的努力和所表现出来的大无畏精神。

哥伦布在远洋航行最绝望的日子里也没有灰心丧气，这样的德行比他的成就更激励后人。

唯有勇气，才能抵御邪恶

人类更多的勇气不是展现在历史活动中，而是在日常生活里，那是一种反对虚妄的勇气。世上多数的不幸和邪恶都是缺乏勇气造成的。人们或许知道什么是对，什么是错，可是没有勇气去坚持，而诱惑与妥协总是控制着那些意志薄弱的人。勇气是在坚决的行动中培养出来的，这是不争的事实。只有养成坚决果断的性格，你的灵魂才能向善，才能抵御邪恶，若是对邪恶稍有屈从，就可能落入深渊。在危急关头，每个人都应该有勇气果断地做出决定。

普卢塔克曾谈到，马其顿国王在一次战斗中借口请求神助，撤退到邻近的镇上祭祀海格拉斯，在此同时他等于是把胜利让给了敌人伊米纽斯。

现实生活里，很多人是语言的巨人、行动的矮子，因为缺乏勇气，准备好的事情做不了，设计好的计划不能实施。不管在什么时候，雷厉风行都要强过喋喋不休。迪洛生说："每当紧要关头，即使情况已经很明朗了，那些没有勇气的人也会优柔寡断，不能做出决定。"

人们在现实中很多时候会受到不良影响的侵入，这时就需要有足够的勇气去分辨它、抵制它。

人们通常被自己的阶层所禁锢，甘于封锁在阶层的牢笼里，很少有人敢于跳出这座城的墙来思考和行动。在社交生活里，人们的懦弱更加明显。这让公务员的品格变差了，人们的良心也具有了伸缩性。人们在公众场合谈的是一种观点，私底下又是另一种观点。立场总是随着党派斗争而改变，见人说人话、见风使舵的本事让人性失去了纯真，让人与人之间充斥了猜忌与不信任，甚至连伪善也被认可。

道德勇气的缺乏从上层社会向下层社会发展。社会的上层人物尚且没有勇气说出自己的观点，何况下层社会的民众。他们以眼前的公众人物为榜样，学会了推搪、敷衍、欺骗、无耻的作为、自私的行径。他们习惯于在一个狭小的空间中找寻自由，在一个小箱子里，或在一个可以遮掩言行的角落。俄罗斯谚语说："在荣誉前，脊梁无法挺直的人不能站立。"因为那些追逐名利的人任何时候都可以卑躬屈膝，他们的脊梁里没有硬骨。

刚正不阿的人绝不会有逢迎拍马，掩盖真相这种丑陋的行为。杰勒米·边沁这样评价过一个政界要人："他的主张并非对民众的热爱，而是对少数人的敌视。他的主张展现着他自私狭隘的胸怀。”当今的公众人物，又有几个不是这种人呢？尽管忠言逆耳，德行优秀的人依然有勇气讲实话。哈金森上校的妻子说：“他关心的是事情的好坏，绝不会违背良心去博取名誉，也绝不会强迫自己去迎合大众的胃口。即使因此而遭到压制和责难，他也绝不退缩。”约翰·帕金顿先生说：“不要刻意去追求名望，尽心尽力做好你的工作，问心无愧，你自然会获得名望。”

要敢于坚持自己的观点

一个人必须要独立，独立地思考和做事，独立地表达自己的想法。懦弱的人不敢有自己的意见和观点，懒惰的人不愿有自己的意见和观点，傻子不能形成自己的意见和观点，而一个独立勇敢的人就一定要有自己的意见和观点。

许多有潜质的人因为缺少这种勇气而辜负了家人朋友的期望。他们虽然也在行动，但在他们的行动里，勇气在一点一滴地丧失。由于缺少足够的信心和勇气，他们在计较风险的同时也失去了成功的机会。

约翰·比姆说过："宁愿因为说实话而被处死，也不愿看到真相因为我的沉默而被掩盖。"我们应该诚实、博爱，任何时候都能勇敢地说真话。

在应该说出真相的时候沉默，这不仅是懦弱，更是犯罪。有时候，哭泣只是一种软弱无能的行为，只有抵抗才能对付一些深重的罪恶。

阴谋为正直的人所不齿，欺骗为诚实的人所鄙视，压迫为正义的人所反感，邪恶为纯洁的人所唾弃，他们会不屈不挠地同这些败坏的德行斗争，竭尽所能地消灭它们，他们是社会的支柱，有博大的胸怀和持久的勇气，推动着社会的进步；如果没有他们坚持不懈地斗争，世界将被自私和邪恶占领。

胆怯懦弱的人生活里没有阳光，正直勇敢的人的生命总会熠熠生辉，他们是后人的榜样，被后人铭记在心，他们的精神将永垂不朽，激励着后人奋进。除此之外，也不能忽视精力的重要性。旺盛的精力产生热情，是意志的主要因素。一切伟大的行动都要有充沛的精力作保障。只要对自己有信心，就能战胜困难。恺撒在一次远洋航行时突遇风浪，船员们惊恐不安。恺撒大声对他们说："有我恺撒在，你们怕什么！"恺撒的勇气传递给了船上的每一个人，他的坚强使所有人都平静下来，不再惊慌。

艰难困苦吓不倒坚强的人

有勇气的人绝不会退缩！

据说第欧根尼三番四次去找安提修斯收他为徒，却屡遭拒绝。第欧根尼意志坚决，甚至安提修斯举起棍棒想威胁他时，他也不放弃。他说："你打吧！你坚硬的棍棒也无法动摇我的决心。"安提修斯于是将他收归门下。

旺盛的精力加上一定的智慧，绝对强过仅有聪明才智的人，它让人更坚强。有了精力，才有生机和活力，才能培养出良好的德行。精力与智慧的完美结合能让人在任何事业上获得成功。

对世界影响最大的，不是那些天才，而是有坚定信仰并为之努力奋斗的人们。他们有充沛的精力和必胜的信心，包括穆罕默德、路德、诺克斯、加尔文、洛雅纳以及威斯利等。

勇气加精力，就如虎添翼，可以克服任何遇到的困难；勇气会让你在困难面前永远挺胸抬头。廷德尔评价法拉第说："在许多激动的时刻，他形成了决心；在许多平静的时刻，他坚定了这份决心。"

即使卑微的人，只要正确运用顽强的毅力，也能获得成功。迈克尔·安吉诺在他的一个庇护者死时说："诺言是虚浮的，像鬼魂般虚无缥缈，只有相信自己，做有价值的人，才是最安全的路！"

勇气和柔情并不是对立的。有时候男人的柔情胜过那些柔弱坚强的女人。詹姆斯·奥特勒姆就是一个非常温柔的勇敢男人。他尊重妇女、关心小孩、帮助弱小，他有纯洁的心灵，为人光明磊落。

勇敢的人通常有博大的胸怀

爱德华王子在贝克罗战争中俘虏了法国国王和王子，他盛情款待他们，并亲自在餐桌旁服侍他们，赢得了他们的尊敬。尽管他很年轻，却被看成是那个时代的勇士。

勇敢的人通常都拥有博大的胸怀。在纳斯比战役中，费尔法克斯从一个投降的海军少尉那里缴获了一面军旗，他交给一个士兵保管。这个士兵四处炫耀是自己的功劳，对此，费尔法克斯毫不在意："我已拥有了很多荣誉，这一份就给他吧！"

道格拉斯也具有这样的胸怀。班洛戈本战役时，战友伦道夫寡不敌众，他立即派兵增援。当伦道夫胜利后，他对部下说："我们来得太晚了，他们的胜利来之不易，我们不该去分享这份荣耀。"

人生最不幸的事情之一就是胆怯，而勇气是快乐生活的源泉，使生活更有价值。和勤劳一样，勇气也是可以培养的，因而，智者懂得训练和培养子女的勇气。

生活中我们常常假想出很多恐怖的情况，实际上它是不易发生的。由于被自己假想出的局面所吓倒，许多人失去了和困难斗争的勇气。如果我们任由这种假想继续发展，我们最终将承受不了这种重荷。

比起音乐、文学，勇气的教育显得更为重要，它甚至超过佩戴一顶王冠。理查德·斯尔认为女人“应该被加以管束才卑微而可爱”。可我认为，女人同样要有勇气才能面对生活中的各种困难，才更能享受幸福的生活。

所有软弱胆怯的行为都是幸福生活的绊脚石。人们尊敬勇敢的人，蔑视那些懦弱者。但是，外表的温文尔雅却并不等同软弱胆怯，那是可以在处世当中检视出来的，那该是一种勇气的表现才是。艺术家阿尔·谢弗曾写信告诉女儿：“我亲爱的女儿，做一个勇敢的人，同时也做一个富有爱心的人，这是女性伟大的德行。任何时候，无论幸福还是困苦，你都要充满信心，鼓足勇气。否则，对自己和家人都不利。”

勇气，让人永葆年轻

我们在生活中发现，当遇到疾病和不幸时，最勇敢的常常是女性，但是，人们却经常让她们承受一些细微的痛苦，长期如此，她们良好的心理状态将受到摧残，生命将走向毁灭。

精神上的鼓励有利于女性勇敢德行的形成。女人的容颜易老，青春易逝，但德行却像酒一样，越久越迷人。

诗人本·约翰逊有一首诗生动地刻画了一个高贵的女子——

她温柔谦虚，

一身美德，

勇敢果断而且博学多才，

她能纺线织布，

主宰生活，

主宰自己的命运。

人们不仅赞美女人的温柔，更敬佩她们的英勇。詹姆斯二世时代，一帮叛乱者冲进皇宫行刺詹姆斯二世，他命令睡在自己卧室外面的夫人们守住大门，自己抽身逃跑。叛乱者们冲进房间时，凯瑟琳·道格拉斯用手臂死命地抵住大门，手臂被斩断也毫无惧色，显示了非凡的勇气。叛乱者们冲进房间后，面对锋利的刀剑，夫人们仍顽强地抵抗。

夏洛特·德·特里莫莉捍卫莱瑟姆家族的事迹，也是女性英勇无畏的典型。当议会军包围她家，要她投降时，她说，她受丈夫之托保卫家庭，没有丈夫的同意，她不会放弃抵抗。她细心地布置防御，人们形容她："没有因心存侥幸和疏忽而造成失败。"一年后，议会军不得不撤走了，这位夫人赢得了胜利。

富兰克林夫人的勇气更让人难以忘怀。在寻找富兰克林探险队的过程中，大家都失望了，只有她坚持不懈。皇家地理学会决定颁发"发现者奖章"给富兰克林夫人时，罗德里克·默奇森说，他时时都能感受到她永不妥协的勇气。在寻找探险队的十二年里，她从没灰心气馁过。在最后一次的探险中，她发现了两件事：富兰克林穿越了一个不曾有人穿越的海洋，并在探索一条西北通道时死于海中。

相较而言，更多女性从事慈善事业，在这些事业里，女性的勇敢德行得到了更多的展现，也得到了应有的尊重与成就，当然仍有大多数就隐藏在你我周遭，往往不为人知。她们蔑视名利、默默奉献，仅仅因为热爱，就倾注了毕生的心血。在这些女性当中，试问有谁不知道著名的监狱探访者和改革家弗赖夫人和卡彭特夫人呢？又有谁没听说过移民事业的促进者奇泽姆夫人和赖伊夫人的名字呢？又有谁不记得伟大的护士南丁格尔小姐和加赖特小姐呢？她们更是女性伟大的典范。一般的观念里，平静、安适的家居生活该是最适合女性的，她们本可以待在家中过闲散的生活，但她们却走出家庭，带动了慈善事业的发展，牺牲奉献的精神证明了她们的道德和勇气。当她们选择了更有意义的伟大事业时，任何艰难危险也阻碍不了她们。

在众多的牢狱探访者中，萨拉·马丁的名气虽比不上弗赖夫人，但她却更早就从事这项工作。她从事这项工作的过程就展现出女性的非凡勇气。

萨拉·马丁出身贫寒，很小就成了孤儿。她在雅茅斯附近的卡斯特家当缝纫工，用一天一先令的工钱维持生计。1819 年，一个妇女因虐待自己的孩子而被囚禁在雅茅斯监狱。人们议论纷纷，这时，萨拉·马丁就产生了要去探访并感化这个妇女的念头。于是，她多次来到监狱提出她的请求，但都遭到了拒绝。最后，在她的反复恳求下，狱方答应了她的要求。

她站在那位犯了罪的妇女面前，说出了自己的目的，这让那位母亲羞愧不已，感动落泪。从此，萨拉·马丁的一生都在这些眼泪和感谢中度过。她一边辛勤劳动来维持生计，一边去关心、感化狱中的犯人。她把自己所有的业余时间都用来教他们读书识字。她教女犯们编织、缝纫；教男犯们做棉衬衫和帽子，以免他们惹是生非。犯人们的劳务所得她都存了起来，累积成一笔基金。她用这笔基金安排犯人出狱的工作，帮助他们开始新生活。

由于她专注狱中的工作，她本身的缝纫工作受到了很大影响。但她并未因此而气馁。她说："专注于感化那些犯人，这的确会给我的生活带来困境。但这项工作是遵循上天的旨意去做的，与之相比，我个人一时的困境算不了什么。"

她仁爱、宽厚的心深深打动了那些犯人，包括那些吊儿郎当的水手、放荡无耻的女子、走私犯、偷猎者等。那些无聊烦闷的犯人开始愉快地做一些工作，脾气暴躁的犯人也对她毕恭毕敬。许多犯人因受她的教诲，第一次看书写字，从绝望中站了起来，树立信心，走上了新的人生道路。

萨拉·马丁二十多年一直坚持着这一高尚的事业。她很少得到褒奖和支援，她却仍然凭借祖母留给她的一年十镑至二十镑的制衣收入，艰难地维持了下来。在她人生的最后两年，雅茅斯监狱当局决定每年支付她十二英镑的薪水，但是她拒绝了，她不愿成为监狱的工作人员，用自己的义举来换取金钱。监狱当局却粗暴地要她接受条件。当时的萨拉·马丁已年老体弱，监狱里糟糕的环境夺走了她的健康。在生命最后的日子里，她用真挚的感情写下了神圣的诗篇。也许她的文学造诣并不高，但她的情感会感动所有的读者。这位伟大女性的一生就是一首美丽的诗篇，这比她用笔写下的诗篇更为壮丽。

Part 6

自律，让人挣脱欲望的泥潭

人的德行往往是由习惯决定。只要有坚强的意志力，那么习惯就是他仁慈的主人，将会帮助他逐步获得成功；若一个人意志力薄弱，习惯就会像一个残暴的君王，促使他走向毁灭。

懂得自律的人，生活的道路会广阔而平坦

良好的习惯可以透过严格的训练形成。那些街头流氓和邋遢的无知青年，在经过系统训练、人格培养后，也有可能成为勇敢、坚强、无私的人，即使在关键时刻，他们也能临危不惧。

所以从小到大所受到的教育，主要让我们养成良好习惯，并维持正常的生活秩序。凡是自制力强的人都能做到奉公守法，且每个人都应该学会用道德力量来克制欲望，因为唯有如此，人类方能持续的进步。

赫伯特·斯宾塞说："有理想的人努力地追寻着自制这一目标。德行教育的目的是使人们在行动前透过自我控制，仔细地思考,而不是依靠个人喜好和无止境的欲望来行动。"

这种教育是从家庭开始的，接着是学校，最后是社会。每一阶段的道德教育都是渐进的、环环相扣且缺一不可的。假如一个人没有受到良好的家庭和学校教育，一旦进入社会后，其缺陷的人格与不知自我约束的不当行为，将可能会为社会带来灾难。

家庭里完善的道德教育是法律力量的有力辅佐。西摩本尼克在回忆录中提到这样一个事例：一对夫妇参观了英国和欧洲大陆的许多精神病院后发现，绝大多数精神病人都是任性的人。他们儿时便很少受到约束，由着自己的性子做事。逐渐地，我们发现他们缺乏意志力，无法克制自己、无法承受压力、无法接受打击，一旦遭遇困境或严重的打击，往往选择逃避或放弃，更糟的是心理上与生理上也逐渐失去平衡，甚至引发精神上的疾病。

约翰逊博士就为自己有些抑郁的性格而苦恼，这是童年的不幸造成的。但是他说："意志力相当程度的决定了一个人的性格。太在意一些细小的伤心事，我们就有可能成为它的牺牲品，就无法保持乐观的生活态度。"只有对生活充满希望，积极向上，才能使我们健康成长。对事物尽量往好的方面想，远远胜过我们一年增加一千镑的收入，这并非约翰逊博士夸大其词。

控制情绪能帮你在生活中和生意上获得成功。严格自律使一个聪明人不仅把握好自己，还能支配别人。懂得控制使生活的道路变得广阔而平坦。

在政界也一样。官途坦荡的人往往并非因为才华出众，而是其自律的性格造就了成功。如果一个人不能控制自己，他就会没有忍耐精神、不善应酬。只有善于应酬的人才能管理好自己，指挥他人。

在一次讨论会上，皮特先生听到人们在谈论首相最需要什么素质。一个人说，首相需要渊博的学识，另一位说口才最重要，第三位说首相最需要的素质是勤劳。轮到皮特先生了，他说："我和大家看法不一样。我认为，作为一名首相，他最需要的是'忍耐'。"忍耐是一种自制能力，皮特就具有这种良好的素质。乔治·罗斯说，他从没看到过皮特先生发火。虽然忍耐被视为一种"拖延"的道德，但是，皮特先生却将这种"拖延"的道德与他的魄力及雷厉风行的作风融合在一起，塑造出其独特的个人魅力。

真正的美好德行因忍耐而趋近完美

汉普登便具有这种最杰出的德行，甚至连他的政敌也佩服他的自制力。克拉伦敦把汉普登描绘成一个非常温和的人："他乐观、开朗，而且温文儒雅、礼貌谦恭。他说话时热情洋溢，语调轻柔，有如春风拂面，在议会中，他是最有魅力的人。"

汉普登的另一位政敌菲利浦·沃里克先生回想一次激烈的辩论时，谈到了汉普登温和的魅力："汉普登先生几句温和的话语及时平息了我俩的怒气。否则，我们将会一直辩论到第二天，我们很可能会抓住彼此的头发，并用利剑进行决斗。"

强硬性格的人，更加需要克制力。约翰逊博士说，人们不断成长，经验越来越丰富。但是，随心所欲却导致他们堕落。

年轻时，人们身上的一些强硬性格通常表现出轻率的热情。如果正确引导这些热情，将会有益于事业。法国人吉拉德在美国获得了辉煌的成就。他的办法是，聘用脾气大的职员，让他单独工作。吉拉德认为，这些人是最好的员工，只要他们避免与人争吵，就会在工作中投入无比的热情。

必须学会忍耐，人才能获得平静

强硬的性格不加控制就会随时爆发。历史上许多伟人都是性格坚强的人，但他们通常能很好地控制住自己的情绪。

克伦威尔年轻时就是一个脾气暴躁又精力旺盛的人，小镇上的人都知道他是一个爱惹是生非的家伙。加尔文派基督教铁的纪律约束并且拯救了他，才使他没有落入罪恶的深渊。他青春的活力和激情得以获得指引，投身公共事务之中。因为学会了自制，所以他后来成了英国近二十年来最具影响力的人。

拿骚王朝的伟人们也都具有很强的自制能力。威廉就是一个典型例子，在不该说话的场合，他总是保持沉默，在雄辩时，他能滔滔不绝。对国家的自由不利的观点，他就深埋于心，不轻易说出口。他如此温和、谨慎，连他的敌人都说他怯懦，可是，一旦时机成熟，他就变得英勇无比。荷兰历史学家莫特利先生说：“威廉的性格犹如大海里的岩石，任凭狂风巨浪，依然稳固如初。”

美国总统华盛顿公正廉洁的德行闻名于世，即使在最危急的关头，他也不会失去理智。人们以为他冷静的性格是与生俱来的，其实他原本也是一个急躁的人。他的镇定自若、温和亲切，都是经过严格的自我控制后表现出来的。

华盛顿的传记作家这样评价他："他是一个容易激动的人，情绪非常强烈，但他却能在瞬间控制住。这可能是长期训练的结果，我们无法不受他这种魅力的感染。"

威灵顿公爵的脾气不比拿破仑小，但他自制能力很强，能掌控自己的情绪。在紧急时刻，他总能保持镇静，他发布命令时总是平心静气，人们可以感受到，他发布命令时的语调甚至比平时说话更为轻柔。

少年时期的沃兹沃斯脾气暴躁，喜怒无常，而且不怕责罚。他在生活中得到了磨炼，慢慢学会了控制自己，他的性格从儿时的毫无顾忌，修炼为从不藐视敌人的进攻，因此在他一生中最杰出的德行就是自尊和自制。

只要有乐观的心态，即使身份低微也能拥有高贵的灵魂。廷德尔教授谈到法拉第时描述了他的性格特征："在他温和的外表下，有一颗火热的心。他脾气暴躁，情绪像火山一样。但是，他拥有超强的自制力，把喷发的激情转化成柔和的光，照亮了他永恒的生命。”

法拉第在分析化学领域投入了所有心血，获得了傲人的成就。廷德尔先生说：“他是铁匠的儿子，年轻时，他放弃了十五万英镑的巨额财产，选择了他热爱的科学事业。他死的时候已身无分文，但四十年来，他的名字一直排列在英国科学名人录最重要的位置上。”法国历史学家安格迪尔敢于和拿破仑政权抗争。他过着贫苦的生活，每天只能吃上一点点面包和牛奶。朋友问他：“你一旦生病就需要救济金的帮助，为什么不向皇帝屈服呢？”他决然地说：“那我宁可死去！”但是他并没因贫困而死，他整整活了九十四岁。临终前，他对朋友说：“你看，我这个站在死亡边缘的人，仍然充满活力！”

一个人必须学会忍耐，才能获得安定平静的生活，也必须改掉坏脾气和对人冷嘲热讽的毛病，并常常自我反省检讨；甚至连不好的思考与想法都要提防，不要让坏的习气乘虚而入，因为一旦沾染了坏的习气，它们就会牢牢地占据你的心灵。

优秀的人懂得控制自己的言谈

语言暴力比行为暴力更具杀伤力，因此要注意自己的言行。

布雷默夫人在《家》里面写道："我们不应说那些恶毒的语言。那些语言甚至比刺刀还要锋利，能使人伤痛一生。"

许多优秀人物都懂得控制自己的言谈，他们避免口无遮拦，绝不逞一时的口舌之快去伤人感情。但也有些人会因为一时的激情而口无遮拦，这种人平时思维活跃、言语犀利，却也容易被欢呼迷惑而得意忘形。一时的口舌之快，也许消遣了对手，获得支持者的欢呼，却也同时得罪了人，其结果常常是后患无穷。这样的例子常可以在政治人物身上看到，除非有其欲达到的特殊目的，否则几乎看不到这样做有任何好处。

作家卡莱尔这样描述奥利佛·克伦威尔："他守不住秘密，所以就难以实现理想。"而威廉的政敌在描述他时说："你绝不会从他嘴里听到一句鲁莽的话。"

华盛顿是一个说话谨慎的人，从不会在辩论中恶毒攻击对方，少了批评与冲突，人与人之间的气氛与关系自然和谐，这对民众也产生好的示范作用。从整个人类历史来看，也许世界偏爱沉默的智者。

经验丰富的人，他们常为说错话而后悔，却不会因沉默而懊恼。毕达哥拉斯说："要么说得恰到好处，要不就闭好嘴巴。"乔治·赫伯特也这样说。被亨特称作"绅士圣人"的圣弗朗西斯也说过："就像变质的调味品一样，尖酸刻薄的言语会使可口佳肴的味道变差。"

不过，在面对残害和谬误时，我们无须压抑自己去保持沉默。就像卡卢夫人所写：

高贵的德行令我们懂得不能，
不能拖欠债务，
不能醉心名利，
不能撒一句谎，
不能忍受迫害，
不能让自己的灵魂受制于人。
尽管这样，我们仍然要懂得宽容。

朱莉娅·韦奇伍德夫人说："在所有漂亮的礼物里，我最珍爱的是宽容。"

丰富的阅历，能让人严于律己、宽以待人

丰富的阅历能使人客观、理性地对待生活中的事物，所以，阅历丰富的人总是能严于律己、宽以待人。

博爱的人都具有非凡的智慧，他们总是替别人考虑，原谅他人因挡不住诱惑而犯的错。

每一个人的人生之书都是自己编写的，你若快乐，那你将拥有快乐的人生；你若忧郁，你将拥有忧郁的人生。我们的脾气能反映出我们的生活环境。自己爱发脾气，就会感到周围的人也爱发脾气；自己不能宽容待人，别人也就不会宽容待你。

几天前我听到这样一个故事：

一个人从宴会出来后走在回家的路上。他告诉一个巡警，一个行为可疑的人在跟踪他。但是调查结果是——那只是他自己的心理作用。

每个人都有他自己的兴趣爱好，与人交往就应该尊重别人的一切。不同的人有不同的怪癖，也许只是自己不知道罢了。

南美洲的一个村子里，村民都患有大脖子病，他们以为这是正常的。一群英国人来到这里，村民都嘲笑他们，大声喊叫：“快来看呀！这些人的脖子都是细细的！”

通常，别人对自己的癖好有不同意见时，人们就会不安、发脾气。我们常常平白无故地担忧，其实都是自己主观臆想出来的。就算身边的人心怀歹意，我们也不必反击，因为那样做只是把自己置身于他们恶毒的诡计中。乔治·赫伯特说：“我们自己说出的流言，常让我们自己难堪。”

不要为了逞口舌之快而树敌

科学家法拉第和廷德尔教授是好朋友，他们曾写信交流生活心得。

法拉第说：“我在年轻时常误会别人的意思。我发现，与其在别人带刺的话里追根究底不如装聋作哑。只有细细品味那些亲切友好的话语，才能让我心旷神怡。与人相处愉快，能带来更多快乐。别人反对我时，我常常愤怒，那是由于我的狂妄自大让我失去理智。但我总希望能克制自己，不与别人发生矛盾。这样，才不会受到损害。”

诗人伯恩斯经常有条不紊地教育别人，但生活中的他实际上自制力很差。他总不自禁地讥讽、挖苦别人。他的传记中写道：“他开十个玩笑，就增加一百个敌人。他生活放荡，不能控制自己，总是写一些酒吧间里的庸俗乐曲。这些广泛流传的乐曲毒害了许多年轻人。”

伯恩斯在二十八岁时写下了《一个诗人的墓志铭》，这是他最好的诗篇。诗里描述的是他自己的生活经历。沃兹沃斯这样评价这首诗：“这是他公开的遗嘱，是一次完全、彻底地自我剖析，同时也是他的忏悔。这是用预言的方式来看历史。”诗里有这样的句子：

朋友，请牢记，
不管你的心灵翱翔在蓝天，
还是附着于沉寂的大地，
学会控制自己，
智慧由此而生。

酗酒是伯恩斯的恶习之一，这使他失去自制力，走向堕落的深渊，但这样的人不只伯恩斯一个。在所有恶习中，这种颓废的欲望会误人一生。

假设一个暴君逼迫人们上缴三分之一的财产和购买让人堕落的商品，从而导致家庭的和睦被破坏，那么自由的精神会奋力反抗，愤怒的人们会游行示威，发出反对邪恶强权的强烈呼声。可怕的是，在你的心里同样存在这样的暴君，那就是欲望。没有自制力的人们却甘心听从它的指使，在欲望面前，就像卑贱的奴隶般丝毫没有一点反抗能力。

只是一味追求低级趣味会破坏人们的热情，腐蚀善良的道德与风俗，使人们不能获得真正的幸福，甚至整个民族的上进心都会受到损害。正直的人并不会追求华丽奢侈的生活，他们欣然地过着简单朴实的日子。那种靠借债享乐的生活像贼一样虚伪、可憎，且不踏实。当苏格拉底看到大量的金银珠宝和一些珍贵的家具浩浩荡荡运进雅典城时，他说："此刻，我眼前的这些东西都不是我必需的。"一个对理想有更高追求的人不会为了钱财而绞尽脑汁。

法拉第就是这样一个例子，他放弃了所有的财富去追求科学真理。意志薄弱的人习惯超前消费，因而他们总生活在欠债的阴影下。别人问债务缠身的莫尔基无法付出酒钱时怎么办？他说："他们会在欠债单上再加上一张欠债单。"黑兹利特虽然不怎么节俭，但他却正直诚恳。他曾评论过不同类型的两种人。一种是有钱就用的人，他们总是缺钱花，因为他们不善计划，看到东西就想买；另一种是伸手借钱的人，借钱的本领使他们堕入深渊。

懂得自律的人，不会堕入深渊

希尔顿就是一个喜欢大手笔花钱的人。在经济拮据时，他向每个朋友借钱，这给他带来了坏名声。帕默斯顿勋爵在议员竞选时批评他说："许多人围着他的演讲台，目的却是讨债。"这时，希尔顿表现得卑鄙可怜，竟然嘲笑他的债权人。

拜伦勋爵有一次出席晚宴，碰巧遇上了辉格党人制止腐败的激烈言论，希尔顿格外惹人注意。拜伦勋爵说："先生们，抵制腐败对那些富有的爵爷们来说非常容易，他们不是从公款中获得巨额财富，就是从一些挂名职务中大捞一笔。他们能夸耀自己多么爱国，也能置身诱惑之外。但他们不会明白另一些不受诱惑的人，拥有一先令对他们的生活有着怎样的影响。"拜伦勋爵的这番演说让希尔顿流下了眼泪。

那个时代，人们在金钱方面没有公德，许多政党领袖都庇护自己的人挪用公款。

康沃利斯担任爱尔兰总督时，他任命纳皮尔上校为军队的财务审计师。康沃利斯说："我需要正直、诚实的人，这是我从身边的卑贱者身上获得的唯一经验。"

卡沁勋爵是不侵占公款的楷模，他在任时没有侵占一毛钱的公家财产。他的大儿子皮特在任时和父亲一样两袖清风，对自己经手过的所有财产从没有动过邪念，直到去世，他也身无分文。即使那些对他心怀敌意的人，对他的诚实、公正也毫不质疑。那时，政府官员的薪水很高，有人问著名的买官者奥德雷买法官花了多少钱时，他说："没错，有很多人想上天堂，但有更多的人愿下地狱。"

沃尔特·司各特是一个真正的正人君子。他从不需要别人的怜悯，即使是在书稿出版受阻，将会面临倾家荡产的危险时也一样。我们可以从他的传记中看出，他一生都在竭尽所能偿还自己的债务。好心的朋友表示愿意帮助他偿还债务，他却骄傲地说："这只手将握住笔努力工作，它有能力偿还所有的欠债。"他曾在给朋友的信中说："一切都可以失去，但我们的清白不能被玷污。"他坚持写作，直到不能动笔为止，但过度的工作损害了他的健康。虽然他为此失去了宝贵的生命，但他维护了自己的尊严。

《拿破仑传》《科隆戈特编年史》《杂文集》和《祖父的

故事》等作品都是司各特在穷困悲伤的时候写的，但这些作品的酬劳都用来还债了。后来当他回想这一切，他说：

“当时，不能像现在这样安稳地睡觉，我现在已放下包袱，债权人感谢的话语令我心情舒畅。我为自己的坦诚、正直、守信而感到骄傲。在这之前，我眼前是一条黑暗的长路，在它的指引下，我的清白如果不能保全，我将痛苦地死去。但我愿死得坦然一些，我知道如果偿清了债务，我的良心就能安然，人们才不会轻视我。”

司各特临终前对他侄儿的忠告是：

“亲爱的洛克哈特，我只和你讲一分钟的话，我的孩子，你一定要做一个德行高贵的人。临死前回想自己的一生，不难发现，只有高贵的德行能带给你幸福和安定。”

洛克哈特的良好德行不亚于他伟大的叔叔，他用了几年的时间成功地创作了《司各特传》。但是，他自己却没有从中得到一分钱，他把这部作品的全部所得都用来偿还司各特的债务。因为，他深受叔叔守信精神的影响，他只是单纯地为了纪念这位伟大的亲人而写下了这部传记作品。

Part 7

责任，让人声名远播

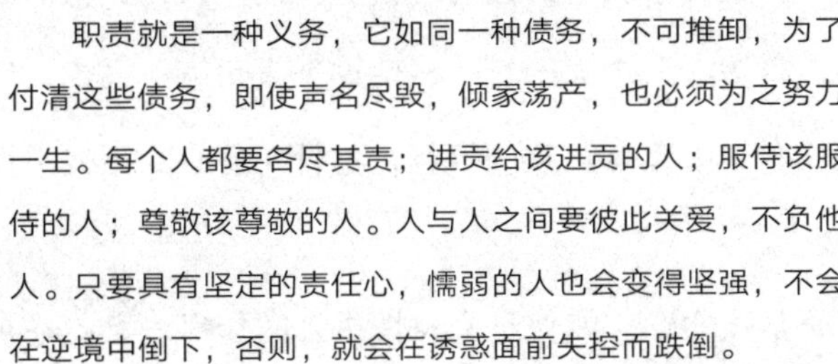

职责就是一种义务，它如同一种债务，不可推卸，为了付清这些债务，即使声名尽毁，倾家荡产，也必须为之努力一生。每个人都要各尽其责；进贡给该进贡的人；服侍该服侍的人；尊敬该尊敬的人。人与人之间要彼此关爱，不负他人。只要具有坚定的责任心，懦弱的人也会变得坚强，不会在逆境中倒下，否则，就会在诱惑面前失控而跌倒。

责任心让你出淤泥而不染

责任心不是一种感情，而是生命的主要支柱。它存在于人类所有的活动中，而一个人的责任心取决于他的道德良知。

人们履行的职责将展现着他的良心。即使是才华横溢的天才，失去了良心的控制也会走入歧途。良心像灵魂的统帅，指挥着一个人的行为，使这个人正直、高尚，获得幸福。一个人善良正直的德行，也将在良心的指使下得以弘扬。

而坚强的意志能使良心发挥更好的作用。意志在正邪之间作出选择，并付诸行动。但是如果一个人责任心不强，没有沿着选择的方向勇往直前，就不会有结果。只要你按照既定的方向勇往直前，即使不成功也会心无愧疚，因为你履行了职责。

海恩泽曼说："当人们都在弯腰屈膝地谋求权力时，你要爱惜自已的尊严；当人们都在尔虞我诈地谋取钱财时，你要珍惜自己的清白；当人们为了名利你追我逐，形如畜生时，你要心如明镜，出淤泥而不染，这样你高贵的德行才不会受损。你靠自己的双手劳动，得以生存。你的头发会被岁月的风霜染白，你的灵魂却不会被岁月的尘土污染。最后，你可以坦然地面对天地！”

一些受良心指引的人在履行自己的职责时，也许会牺牲自己的所爱。

塞达留曾说：“具有高贵德行的人应该光明磊落地赢得胜利，即使丢了性命也不能采用卑鄙的手段。”圣保罗宣称自己“随时准备被捕，随时准备走上耶路撒冷的断头台”。他正是在职责和信仰的感召下做出英勇的行为。

意大利国王逼迫帕斯卡纳侯爵放弃自己热爱的西班牙事业，侯爵的妻子维多利亚·科伦纳写信给他，叫他无论如何都不能忘记自己的职责。她在信中写道：“显赫的名誉不过是过眼云烟，名利在德行面前，不值一提。希望你不要为了浮名而丧失自己高贵的德行，我和孩子们都以你的德行为荣。”

侯爵夫人见识卓绝，重德行而轻名利。在她的支持下，帕斯卡纳在巴维亚英勇就义。许多人前来追求年轻貌美的侯爵夫人，但她不为所动。丈夫的德行牢牢地占据了她的心灵，她情愿孤独地生活，不再接纳其他人，以此纪念丈夫高贵的品格。

人生就是一场战斗，每个人都必须肩负起自己的职责，保持信心和勇气。上天赋予每个人或强或弱的意志力，我们不能无谓地让它耗费和消失。布赖顿的罗伯逊深刻地指出，一个人的伟大并不在于追求个人的幸福和名利，而在于他的尽忠职守。

犹豫不决阻碍着人们忠实地履行自己的职责。每个人都是多面体，既有积极、仁慈的一面，又不可避免地有人性的弱点，如自私、懒惰……矛盾的双方紧密联系又相互排斥，有些人在这种矛盾中显得左右不定。意志力能否转化为行动，决定着一个人最终走上的道路。意志力薄弱的人会被膨胀的私欲吞食，被欲望所控制，会丧失品格和气概，最终沦为自己感官的奴隶。

幸福不在纸醉金迷中

用良心来抵御欲望的攻击，这样才能形成良好的品德。坚定行善的决心，战胜欲望的引诱，摆脱人性中自私的弱点，都需要持之以恒的努力。

每个人都应该主宰自己的心灵，坦然地对待别人。要能抵挡享乐的诱惑，乐于助人，远离为非作歹的坏事。要做到善良慈悲，宽容博爱。

爱比克泰德的格言总是充满智慧，其中有一段："我们无法选择自己在生活中的角色，只能做好自己，这是我们唯一的职责，做到了这点，奴隶和执政官也一样自由。自由高于一切，它是幸福的源泉，其他的一切都依附自由而存在。

"有了自由，其他的一切都是必要的；失去自由，一切都毫无意义。人们必须知道，幸福不在纸醉金迷中，也不在艰难困苦里。将军的幸福不是力量和军队；富翁的幸福不是金钱；长官的幸福不是权力。对罗马皇帝尼禄、萨丹纳帕路斯和阿伽门农而言，权力和财富的拥有可就不是幸福了。"

幸福是属于心灵的一片纯净天空，它源于平静、自由的灵魂；幸福是真、善、美，它与恐惧、焦虑势不两立；幸福就是知足，只要拥有一份真正的心灵上的满足和平静，即使在生命中要历经贫困、疾病和死亡，也终会走入幸福的殿堂。

履行自己的职责就是幸福

职责是一股强大的力量，它使勇敢者更加坚定不屈。

庞培决定在罕见的暴风雨中乘船前往罗马，他的好友劝他别用自己的生命去冒险，但庞培却说：

“我必须马上出发，我不能吝惜自己的性命。”面对好友的劝告和恶劣的天气，庞培选定了他认为应该做的事情，义无反顾地踏上旅程。

华盛顿也是尽忠职守的榜样。他工作的动力来源于他对职责的忠实，这使他坚定不移。庄严的使命感使他无所畏惧地投入自己的职责中，但华盛顿从不狂妄自大，在人们推举他担任爱国军队最高统帅的时候，他说：

“今天诚挚地告诉大家，我不认为我有足够的才能担任统帅一职。”他知道，这种托付有如千斤重担，直到最后，迫于无奈，他才答应就职，但他从没半点骄傲之情。

他曾在写给妻子的一封信中，谈及当统帅的感受。他说：

“我尽了最大的努力去推卸这份重任。这不是因为我不愿离开深爱的家庭，而是因为我深知自己难当此任。如果以后漫长的岁月我得离家在外，那么，我想对你说的是，我更愿意同你一起享受属于我们自己的平静和快乐。但那样会令我的朋友们失望和痛苦，所以我只能听从命运的安排。我为自己不能常伴你左右而歉疚。”

华盛顿担任过陆军总司令、美国总统。在职期间，他从未因别人的非难而忘记自己的职责。在批准杰伊先生与英国协定的条约时，国内掀起了激烈的争论，很多情绪偏激者反对签署这一条约，但华盛顿考虑到国家的长远利益，冒险签订了此条约。全国兴起了抗议运动，人们对华盛顿极为不满，甚至有人向他掷石头。条约最终还是得以施行，华盛顿对抗议者说：

“我是基于对祖国的热爱，听从我良心的意愿来签订这一条约的。”

尽忠职守是民族引以为荣的精神财富，只要有这种精神存在，这个民族就会充满希望。可是这种精神一旦被享乐替代，那这个民族就会走向灭亡。

自从路易十四开始统治法国以来，战火就一直笼罩着法国，但是仍然有一些正义之士发出了和平的呼声，他们为正义而四处奔波，圣·皮埃尔牧师就是其中最勇敢的一个，他拒绝把君主与“伟大”相提并论，谴责战争。为此，修士学院将他赶了出去。临终前，伏尔泰问他的感受时，他平静地说：

“就像是一场旅行。”

因为他生前尖锐地抨击各种社会弊端，树敌甚多，人们不允许他的继承人致悼词。但是，历史见证了皮埃尔牧师的伟大行径，他为人类恪尽职守，倾注了所有的爱。

伪装不会让你强大，诚实却让你受到尊敬

与尽职紧密相连的是诚实的德行。那些尽忠职守的人都是具备诚实德行的人，他们总是适时地、正确地为正义而战。

普鲁士陆军元帅布占歇尔就是一个诚实守信的人。1815 年 6 月 18 日，他率军前去援助威灵顿，由于道路崎岖，士兵们疲惫不堪。

布占歇尔不停地鼓励他们：

“孩子们，请快点，我们必须准时到达目的地。我不能失信于我的兄弟威灵顿，让我们全速前进！”士兵们在他的感染下全力前进，最终准时到达。

撒谎是一种卑劣的不良习气，是懦弱的表现。不恪尽职守的人通常都不诚实，他们自以为高明，找各种借口来推搪。可是，再高明的伪装都会透露出内心的胆怯，且到最后都将会被揭穿。

诚实的人从不会炫耀自己。皮特临终前听到威灵顿在印度获得了伟大战绩，他感慨地说：

“只有他自己不炫耀他的功绩，但他无愧于这些赞美，听到的关于他的赞美越多，我就越敬重他诚实的德行。”

泰多尔教授这样评价法拉第：“现实生活中的和思想上的一切虚伪都令他生厌。”

阿诺德博士认为诚实就是一面镜子，它照出了每个人道德的真正面貌。他教育学生们诚实高于一切，是立身之本。

乔治·威尔逊就是诚实尽职的典型例子。他任教于爱丁堡大学，一生经历了许多艰苦，但他始终保持着乐观的心态，从未被困难吓倒过，令人钦佩。

幼年时，他体弱多病，但聪明开朗。十七岁的时候，他为自己的失眠和精神抑郁苦恼不堪。他还告诉朋友说自己将不久于人世。他还制定过一个锻炼计划，但由于不科学，反而有伤他的身体。他有一次在斯特林附近进行强化训练，步行了二十四英里，导致右关节脓肿，最终被截肢。但他仍然坚持写作、演讲和授课。之后，他患了严重的风湿痛，医生给他拔罐，并要他在酷热环境中治疗，可以想象那是怎样的一种痛苦。他后来只能靠吗啡解除痛苦，帮助入睡，随后又染上了肺病，生命接近衰竭，但他没向病魔屈服，仍然风雨无阻地坚持去爱丁堡大学演讲。

二十七岁时，威尔逊身上挂着点滴，满身水泡伤口，却仍坚持每周的演讲。他感到了死亡的逼近，在给一个朋友的信中他提道：

“如果某天清晨，你突然得知我死去，请不要惊慌，因为没有人可以比不怕死亡的人生活得更美好！”

他好像并没有对此感到伤悲和痛苦。有一次他不小心摔倒，竟摔断了肩骨，但这些打击都没能让他倒下。他从痛苦中站了起来，像经历暴风雨后的芦苇一样挺立着，仍然照常为学建筑和艺术的学生授课。

有一回下课后，他躺下休息，造成血管破裂，引发大出血。虽然他知道自己将不久于人世，却仍站在讲台上，恪尽职守，以惊人的毅力继续为学生上课。疲劳过度再次引起了出血，这使他身体极其衰弱，他以为自己要死了，但是他又奇迹般地挺了过来。恢复期间，他接任了苏格兰工业博物馆馆长一职，这让他更加辛劳。

威尔逊将最后的精力全部用于博物馆的工作，他废寝忘食，以致身体完全垮掉了。他在日记中写道：

“就像有一根管子插在我的肺里，时冷时热，连咳嗽的力气都没有了，每次都咳出血来。而我将履行我的职责，完成明天的演讲。”

咳血耗费了威尔逊仅存的一点生命，他虚弱不堪，无法入睡。在这样的情况下，他仍坚持写完了《爱德华·福布斯的一生》这本书，这是一部催人泪下的著作。

他在日记中写道：“我分秒必争，力求自己的演讲让人满意。在我心中，职责高过上天，有如千斤之重。”

1859 年的一个黄昏，威尔逊演讲完后和往常一样回家。在上楼时，他胸口一阵剧痛，终于平静地倒下了。临终前他写下了这样的句子：

死亡并不悲痛，
明天仍旧光明，
我痛苦的一生，
终于走到了尽头。

后来，威尔逊的妹妹为哥哥写了部传记，记录他长期与病魔斗争的过程。这个过程令人惊叹，也让我们有幸了解到一位有非凡意志力的勇士。这部满溢深情的作品令千千万万读者感动不已，这是一部世界文学史上罕见的作品。

Part 8

乐观，让人远离痛苦的缠绕

一个胸怀宽广、性情平和、自制力和忍耐力很强的人，总是更容易获得幸福。因为他们总能看到生活中美好的一面，在他们的生活中没有痛苦的深渊，因为他们面对艰难险阻时，也能透过黑暗看到光明。乐观的人眼里总闪烁着光彩，但他们也有伤心失望、情绪低落的时候，但他们不会自怨自艾，不会把时间浪费在无谓的悲伤里。

乐观的人不会被打倒

杰勒米·泰勒的房屋曾经被人侵占，他和家人无处安身。后来他回忆说："那些财产征收员残忍地剥夺了我的所有财产。但是，他夺不走美丽的太阳和月亮，他也抢不走我温柔贤惠的妻子和患难与共的朋友。除此之外，我还有愉快的心情和仁慈之心，谁也剥夺不了我对美好天堂的憧憬。我仍旧吃饭、喝酒、睡觉，我仍旧看书思考——"面对飞来的横祸，泰勒仍有充足的理由高兴。他之所以能做到这样，是因为他有了不起的性格。

这种愉快的性格表面上看起来像是与生俱来，其实也可以通过培养来获得。我们能否从生活中得到乐趣，主要取决于我们在生活中看到的是悲伤还是欢乐。生活都有阴暗和光明两个层面，乐观者看到的总是生活中最光明的一面，他们眼里闪烁的光芒使整个世界都熠熠生辉，在这种光芒的照耀下，寒冷已被融化，痛苦已被缓解，这种性格使智慧更有光亮，使美丽更为突出。

而在悲观的人眼里，永远不懂何谓美好，也看不到灿烂的阳光，鲜花在他们的眼里不会有任何惊艳，鸟叫虫鸣也不再动听，蓝天绿地都像灰色的幕布般惹人厌烦，但乐观者与悲观者的分歧点不过是在于心境的调适转换罢了，而结果与境遇却往往犹如天壤之别，所以你应该养成凡事乐观的习惯与处世态度。

不仅快乐和幸福来源于乐观的性格，良好的德行也依赖它作保障。面对各式各样的诱惑，我们怎样才能坚守自己的德行呢？一位作家回答说："第一是快乐，第二是快乐，第三还是快乐。"马歇尔博士告诉他的病人："愉快的心情是最好的药物。"

路德曾经开过一份处方给忧郁症患者，他说：

"无论是对青年人还是老年人来说，治愈精神忧郁症的良药都是从内心发出的欢乐和诚实。"在这里我还要再说一点就是："优美的乐曲和无邪的赤子之心也是必需的。因为美妙的音乐使人心情舒畅，而赤子之心也能使人精力充沛。"

快乐像一股奔流不息的山泉，也有人将它称为一首不会结束的乐曲，能使人的心灵得到平静，人的精力得以充沛，人的情操得到陶冶。而忧虑和烦恼时刻都威胁着这种快乐的心情，挫折和磨难会一口一口吃掉这种快乐心情，但美好的心情就像山涧小溪生生不息，永不枯竭。

帕默斯顿勋爵一生受尽苦难，但他总是越挫越勇。这是为什么呢？主要是因为帕默斯顿性格乐观，这使他永保赤子之心，心胸宽广，即使面对种种不公正的阻挠和无情的打击，他也绝不怨天尤人，仍保持自己内心的平静。帕默斯顿的一位好友，和他相处几十年从没有看到帕默斯顿发过火，也从没有看到他心灰意冷失去斗志。当内阁正在处理有关阿富汗的灾难问题时，帕默斯顿的对手们做伪证，篡改公文并制造流言来陷害他，他因此蒙受了不白之冤，但他没有因此而痛苦、沮丧，他依然像没事一样，快乐如故。

从许多人物传记中，我们不难看出天才人物往往也是乐观者，他们淡泊名利、热爱生活，善于在生活中寻找蕴藏的快乐，荷马、贺拉斯、维吉尔、莫雷拉、莎士比亚、塞万提斯等都是乐观豁达的典型，在他们伟大的创作生涯中充满了健康的快乐。路德、莫尔、培根、法拉第和米歇尔·安吉罗等也是这样的乐观者。他们总是感到幸福和快乐，也许致力于富有创造力的工作就是他们快乐的泉源。

弥尔顿一生屡受打击，但他始终乐观过人。他的眼睛瞎了，朋友也背信弃义，生活前景黑暗迷茫，但弥尔顿丝毫没有灰心丧气，仍然振作精神大步前进。

亨利·菲尔丁一生贫穷，债务缠身，磨难重重，但他却从不为此烦恼苦闷。玛丽·沃特雷·蒙太古夫人说：“他是一个天性乐观的人，比世界上的任何人都更懂得快乐的真义。”

快乐能感染周围的人

约翰逊博士一生历尽苦难，但他总是快乐而勇敢，与苦难进行着持久的抗争。一个乡下牧师总是在抱怨生活的单调和枯燥，他说："他们只知道谈论小牛犊。"而斯拉雷的母亲告诉那位牧师说："约翰逊博士就喜欢谈论小牛犊呢！"

斯拉雷母亲的意思是说约翰逊博士是个快乐的人，他的快乐不受环境影响。

司各特先生的善良心地和快乐性格闻名于世，任何地方都欢迎他，甚至家中的各种宠物见到他不到五分钟，就都会对他大肆亲热。司各特曾经给霍尔上尉讲述过一个自己小时候的故事，这个故事展现了司各特的仁爱之心。有一次，一条狗朝他跑来，他用石头击中了狗。这条狗忍痛爬过来，仍亲密地舔着斯科特的脚，这极大地震撼了斯科特，让他深有所感。他认为这一件小事对他的一生造成了极大的影响。

对任何人，司各特都以诚相待，他发自内心的笑容有着极强的感染力，他总是和颜悦色，以诚待人，人们对他的敬畏就在他朗朗的笑声中消融了。

据说西尼·史密斯先生也是性格乐观的人。在他眼里，太阳的光芒永远也不会被乌云遮挡。他总是那么友善、快乐、勤劳，他的耐心像河水永不停息。他的文章歌颂自由，提倡教育。他的文风清新诙谐，从不迎合世俗的口味。史密斯先生天性乐观向上，精力旺盛。当他晚年疾病缠身时，他写信对朋友说：“中风、气喘等多种疾病一起缠上了我，但我自己仍感觉很好。”在给卡利斯勒夫人的最后一封信中，他说：“如果你听说十六或十八磅肉竟离开他的主人，那么这些肉的主人就是我。我现在骨瘦如柴，如同职务被人剥夺了一般。”

老人也会因快乐而变得年轻

很多著名的科学家都是乐观的劳动者，如伽利略、笛卡儿、牛顿和拉普拉斯。最伟大的自然科学家欧勒更是一个典范，晚年的欧勒双目失明，仍坚持写作，还依靠训练有素的记忆力画出了大量富有创造性的机械设计绘图。人们发现，他在紧张的研究之余，常与孩子们嬉戏玩耍并乐在其中。

爱丁堡的鲁宾孙教授是《大不列颠百科全书》的主编，一场疾病夺去了他工作的能力，他只有和孙子们一起度过剩余时光。他在给友人詹姆斯·瓦特的一封信中说："看到这些小生命在成长，我非常高兴，尤其是乖孙子们那些本能的行为使我心情舒畅。从前我没有时间注意他们，现在才发现他们身上潜藏着如此多的欢乐。我应该感谢这段时间能把我的注意力引向这些宝贝，我沉醉在他们那些可爱的举动和异想天开的念头里。"

苦难曾长期伴随着自然哲学家阿波西特，他所遇到的灾难在很多方面和牛顿极为相似。曾经有二十七年，无论春夏秋冬，他一直专心致力于气压及其变化的研究，记录了详尽的资料。有一次，一个新来的助手清理房间时，误将他二十七年辛苦积累的资料当作废纸烧掉了。阿波西特悲愤交加，但他很快就平静了下来，竟然没有发火。

法国大革命爆发的时候，植物学家亚当斯已年近七旬。他在这场社会大动荡中失去了财产和花园。那段时期他陷入了衣食不继的窘迫境地。当科学学会盛邀他出席会议时，亚当斯抱歉地说："实在抱歉，我没有可以穿出门的鞋子。"

居维叶说："这位老人弯着身子，借着残火的光亮用微微颤抖的双手在一张小纸片上描绘植物的形象，这真令人难以置信，生活中的困难在大自然的无穷乐趣面前消散，这种特殊的乐趣像善良的女神陪伴着他。"学会决定给这位衣食不继的老人一点点抚恤金，而拿破仑得知情况后，把抚恤金增加了一倍。

这位历经沧桑的老人活了七十九岁，他在遗嘱中要求用自己一生中已经确认的五十八种植物编制一个花圈，放在他的灵柩上。这件不足挂齿的小纪念品让人们感动落泪，永远怀念这位老人。

埃德蒙·伯克也是一个乐观的人，据说有一次在约苏阿·雷诺兹爵士家中吃饭，大家谈到了性格与酒的关系。

有人说："红葡萄酒属于男孩子，白葡萄酒属于成年男子，白兰地则属于英雄。"

伯克说："那就让我喝红葡萄酒吧！我愿做一个小孩子，因为孩提时的乐趣才真正来源于自然。"

有些人人老心未老，有的人却是人未老心先老。由此看来，一个人的心境如何与年龄大小并无必然联系，豁达乐观的个性会令老人也拥有一颗年轻的心。

抱怨会让人越来越痛苦

常葆赤子之心的秘诀就是快乐、包容、善待他人。诗人歌德希望青年人能充满生气，在谈到一些少年老成的青年时，他说："这些青年，竟做出这副古板的样子！这多么愚蠢可笑啊！"

伟大的诗人罗杰斯常常谈起一个小女孩，认识这个女孩的人都喜欢她。

有人问她："为什么大家都这么喜欢你？"

她回答说："也许是因为我喜欢每一个人吧！"

这是个令人深思的故事，我们付出了多少爱心就能得到相对应的幸福回报。不管我们获得多大的物质成就，如果这些成就不能有助于人类的和平友爱，那么，它最终都不会给人类带来福音。

人生最可耻的行为是自私。自私的人通常只关心自己，从不考虑他人，他们的私欲不断胀大，最终会把自己也掩埋。自私的人常抱怨生活"一切都是错误"，可是他又不愿改变自己，总是满腹牢骚，在生活中抱怨最多的那些人往往就是最自私的懒虫，就像有问题的车轮才会吱吱嘎嘎响个不停一样。

爱发牢骚的人，时间久了就会感到寂寞和空虚。《潘奇和朱迪》是英国传统的滑稽木偶剧，当剧中小女孩发现她的玩具里面装的是麦麸时，她认为一切都失去了价值和意义，她不知自己应该在现实生活中扮演什么样的角色。许多成年人也借口“身体不好”来博取他人的同情和怜悯。随着时间而日积月累，这种病态倒成了他们的一种资本，因为除此之外，他们仿佛就找不到自己的生存价值了。

现实中许多忧愁和痛苦并不真正存在，只是自己的主观臆想与悲观的心态作祟。一旦问题解决了或事情有完美的结局后，这些细小的烦恼自然也就消失不见了。但我们常常收藏了过多的小烦恼，时时提醒着自己往悲观的想法里钻。这样一来，本来应该丢弃的东西反而被囤积起来，占据了我们心里本该属于快乐的空间。

有一次，一位著名的医生面对一位忧郁的病人。看完病历后，他告诉病人：

“你不需要吃药打针，你缺少的是开怀大笑。我建议你去看看英国著名丑角格里马尔迪的表演。”

可是这位愁苦的病人却说：

“医生啊，我就是格里马尔迪本人啊！”

疑虑、焦躁、不满是快乐的敌人。许多男女常为鸡毛蒜皮的小事争吵，生活自然就变得无趣，幸福和睦就被忧虑和烦恼取代。理查德·夏普说：“小麻烦像虫子一样不易察觉，却往往带来极大的痛苦。千万不要让一根头发扰乱了一部机器的运转，这便是得到快乐最好的方法。”

有人把希望称为“穷人的面包”，它不仅是穷人的最好帮手，也是所有丰功伟业的支柱。史书上记载，亚历山大当上马其顿国王后，把父亲留给他的大部分产业都送给了朋友。大臣伯尔迪卡问他给自己留下了什么，亚历山大回答说：“我拥有珍贵无比的希望。”

再美好的回忆也不能和希望媲美，因为回忆是过去的，而希望代表将来，甚至可以说：“希望是一切崇高事业的摇篮。”如果说德行是牵引世界前行的火车头，那么希望，就是这个火车头的燃料。伟大的诗人拜伦勋爵说：

人生如果丧失希望，

我们的未来就会是地狱；

我们都明白现在是什么，

我们没有必要说昨天已经远去；

希望仍被阻挡，

我们要冲破险阻迎接希望之光。

Part 9
优雅，让人尽显风度

一个人的言行举止甚至比内在德行更容易引起人们的注意，它直接关系到一件事情的成与败。其实人类的某些礼仪规定并没有什么价值，表象的礼仪规定只是举止的一种装饰与框架，往往并不具有诚实礼貌的内涵，或者说只是规范大多数人的基本准则罢了。真正值得去探讨的，应该是一个人由他的志趣和感情所反映出来的言行举止，这些风度礼仪才是我们该重视的，也才不至于只流于世俗的繁文缛节的表象。

拥有漂亮的容貌不如拥有优美的身段，拥有优美的身段又不如拥有优雅的举止。

优雅举止是最佳的艺术

拥有善良的心地，关心他人，才是真正的优雅。尊重他人，关心别人的内心世界，即使别人的观点与自己的相反，也要善于容纳。只有这样，才会赢得别人的尊重。真正举止优雅的人懂得尊重他人的思想，不会将自己的观点强加于人。有时他得控制自己的情绪，虚心听取他人的想法，他心胸广阔，从不轻易做尖刻的评论。

粗鲁的人不懂得尊重别人，他们不善约束自己的言行，以致失去朋友。这种不顾及别人、不尊重别人的做法，无疑是傻子的行径。约翰逊博士说过："每个人都无权有粗鲁的言行。恶毒的言行很容易让人受伤、得罪别人，这比将人击倒更令人痛恨。"

聪明的人总是非常有礼貌，他们从不会表现出比邻居更出色、聪明或富有，也从不炫耀自己的地位和出身，或履历。他们总是特别谦虚，从不夸耀自己，他们的举止展现了良好的内在德行。

而自私的人往往不懂得尊重别人的情感，他们的举动让人厌恶。他们通常生性恶毒，缺乏同情心，不注重生活细节。因此可以说，我们可以从一个人在日常生活中是否有爱心和同情心，来判断他是否有良好的修养。

不懂礼貌的人惹人讨厌，这种人总会给人带来无端的烦恼，没有人会在与这种人的交往过程中感到舒服。正是由于举止粗鲁，许多人一生都被自己制造的各种麻烦纠缠着。由于他们的无礼，总是苦恼和麻烦缠身，成功与幸福总是遥不可及。例如：有些人的衣服不清洁，总是灰头土脸，所表现出来的仪表就是对他人的不尊重；有些人则过于豪放不庄重，所表达的言语也让人厌恶。

优雅的举止不是表演给别人看的

对一个人的成功影响最大的就是他的天赋和性格。因为一个人的幸福取决于他乐观的性格，取决于他大方得体的交际，及乐善好施的德行。优雅的举止并不是刻意做出来的，它不需要别人的目光关注。坦诚的心地总是透过谦虚、优雅、和善等外在行为表现出来，优雅文明的行为举止总让人高兴，使人心悦诚服，行为举止和内在德行一样，都是促使一个人达到成功不可或缺的动力。

坎农 · 金斯雷在谈到西尼 · 史密斯时说："人们尊敬他，因为他懂得尊重别人，是一个真正勇敢和富有爱心的人。无论对方贫或富，是自己的仆人还是高贵的客人，他都同样的谦虚和蔼，以诚相待。他在自己所到之处播下幸福的种子，因而他总能收获到幸福的硕果。"

优雅的举止被看作贵族们所拥有的风度，这种说法也有一定的道理，因为他们从小就受到文明环境的熏陶，已当成是一种习惯，所以拥有优雅的举止也是理所当然。但那些出身寒微的人们并不能以此作为举止粗鲁的理由与借口。穷苦人更应该和那些上层人士一样，懂得互相尊重。他们应该明白无论是在工作还是休息时，优雅的举止会带给周遭无穷的快乐，即使是一名工人也能透过自己文明优雅、亲切友善的言行来感染他人。本杰明·富兰克林就是一个典型例子。他还是一名工人的时候，整个车间的工作气氛，就因他的高雅行为与和善的态度而改变。

优雅需要细心打磨

即使你一文不名，只要谦虚、文雅，总能让人心情舒畅。

不同民族之间应该学习彼此的优点，才能远离愚昧。英国的工人阶层，应该学习欧洲大陆邻居们的谦恭德行。无论在法国，还是德国，即使那些地位最卑贱的人也都具有绅士风度。在见面的时候，他们都举起帽子，礼貌地打招呼。他们的收入虽然比不上英国工人的一半，但他们并没有因此感到伤心不愉快，而是快快乐乐、乐天知命地尽情享受生活。乐在工作的态度使工作变得轻松，就像休息可以使人恢复体力一样。

在居家生活中，有的人住所简陋，却能把它布置得整洁高雅，让人感觉舒适而温馨，高雅的情趣可以令简陋的房屋变得舒适，但是任何华贵的衣裳却不如优雅的举止，一个人的风度可以改变周遭环境的气氛，能让人如沐春风。

虽然一个人的举止与家庭环境有关，但有些成功知名的人物，出身的环境并不好，却能学习优秀人物，努力向上，最终也能养成优雅出众的行为举止。就像宝石一样，是经过细心打磨后形成的，一个人只要不断地向榜样学习，终必能达到提升自己的目的。

敏锐，是举止优雅的基础

与人交往，处理事务，女性通常是男性的教师。而且女人比男人自制力更强，这使得女人的举止更温文尔雅，更善于处理人情世故。因此，从敏锐的女人身上，男人可以学到许多处世的本领。

敏锐是一种直觉，它不是知识和天赋能替代的。一位作家曾说："天才是才华，而敏锐是技巧；天才就是知道需要什么，而敏锐则是懂得该做什么；天才使自己受到重视，而敏锐是让别人受到尊重；天才是资源，敏锐是现金。"

当敏锐结合了优雅的举止，就会产生极大的力量。威尔克斯是最丑的男人之一，但凭借着优雅的举止，他与英国最英俊的男人相比，获得美女青睐的时间相差最多也不超过三天。威尔克斯的例子并不能表明行为举止具有摧城拔寨的魅力，但它至少说明了优雅的影响力与价值。

行为举止并不是判断一个人品性的唯一准则。对于像威尔克斯这样的人来说，优雅的举止只是用来达到某种不良目的的一种手段、一种伪装，那是肤浅而短暂的，迟早要被人识破的。真正优雅的举止应该跟其他艺术品一样，给予人愉快的感受。

你必须明白，一些举止粗俗的人反倒心地善良，正如包着甜美果子的外壳不一定精美一样，许多仪表堂堂的人反而是蛇蝎心肠。

约翰·洛克斯就不是一个举止优雅的人。苏格兰女王玛丽问他为什么如此无礼时，洛克斯回答道："臣民天生如此。"据说，玛丽女王曾多次因洛克斯的言行而哭泣。

有一次，洛克斯走出女王王宫时听到两个侍从谈论他说："没有什么能令这个人害怕。"

洛克斯转过身来说："那些笑容可掬的脸有什么可怕呢？我曾经看过许多勃然大怒的脸，也从来没有感到害怕啊！"

后来，当这位改革者由于过度操劳而离开人世时，摄政王在这位改革家的长眠之地叹息道："这个人将永远栖息在这里，他从来不怕任何人的脸。"

摄政王的这句蕴含哲理的机智言语给人留下了深刻印象。

人们认为马丁·路德是一个相当粗鲁的人，他所生活的时代充满暴力和动荡，也造就了他的改革生涯。他用笔作武器，唤醒沉睡中的欧洲人，他鼓动欧洲人民与黑暗的宗教统治抗争。虽然路德文笔犀利，形象粗野，但他内心充满热情；他感情淳朴，却激励人心。直到今天，德国人仍然怀念这位相当朴素的英雄。

塞缪尔 · 约翰逊举止粗鲁。他小时候曾在一个初级学校上学，由于贫困，他没有足够的钱去买睡觉的铺位，晚上他只能和一个同学一起在街上游荡到天亮。他凭借自己顽强的毅力和勤奋终于出人头地了，但早年的苦难在他心上留下了深刻的烙印。他举止不雅，不善言辞，但他充满信心。当有人问他，为什么不和朋友一起去参加那些贵族宴会时，他回答说："那些伟大的勋爵们、贵夫人们不喜欢看到狼吞虎咽的食客。"因为他知道自己的吃相并不斯文。

约翰逊是一个心地善良的人，他的朋友古德·史密斯说："世上没有任何人像约翰逊这样心地和善。"

有一次，约翰逊在伦敦的舰队街扶着一位太太过街，但他却不知道这位太太其实是喝醉了酒。还有一次，约翰逊请求一位书商给自己一份工作，这位书商以貌取人，认为他没有修养，于是叫他最好去买搬运工的行头，但约翰逊并没有因这位老板的话而发火。

许多腼腆的人看起来不太优雅，不会应酬，但他们并非故意的，而是天性使然。英国历史学家吉本出版了《罗马帝国衰亡史》第二卷和第三卷后，有一天他碰见了坎伯兰公爵。

公爵主动上前和他说话：“你好吗？吉本先生。听说你一直忙于抄抄写写？”

吉本觉得公爵的话太过突兀，他摇摇头，不搭理地离开了。公爵本来友好的表示却由于言语不得体，反而使吉本感到不安。

因为优雅，所以受欢迎

许多人把日耳曼民族的腼腆称为“英国病”，其实整个北欧国家都有这种特征，只是在英国人身上比较明显，这在英国人外出旅游时更可以看得出来，他们显得态度有些生硬和拘谨，而且没有同情心。举止优雅的法国人就不能理解英国人的这些表现，所以，法国人将英国人的害羞当成笑料，并将它们变成了幽默漫画中的有趣内容。

在待人接物方面，通常来说，英国人、德国人和美国人比不上法国人和爱尔兰人。为人处世的规矩在法国已成了一种自然传统，法国人善于交际，但不善独处，英国人恰好相反。法国人十分健谈，不喜欢沉默，他们好社交，善于辞令，而德国人则显得僵硬而呆板。

优雅的人和呆板的人在社交生活中受欢迎的程度相差很大，可是问到哪种人更能成为诚实可靠的朋友，答案又不同了。

那些呆板的英国人一开始不善交往，他们常常就像吞下了一把烙花铁杆一样，沉默无语，这不是因为他们傲慢，而是因为害羞。他们自己也想战胜这种羞涩心理，可是却无法做到。其实大多数英国人多少都有“丑女不敢见人”的通病。

生活中，当两个缺乏热忱的人相遇时，就会像两砣冰块似的。他们走在同一条路也会侧身而行，待在同一间屋子也会背对背。旅行时，他们总是各自在火车上寻找位置，找到以后，如果有其他人进来，他们会极为扫兴。当他们进餐厅，也总是找一个没有人坐的位子用餐。

阿尔伯特国王性情平和却相当孤僻，他曾经为战胜或隐藏这种羞怯而努力，最终还是失败了。他的传记作家这样解释这些事情：“羞涩的人如果缺乏应有的自信心和适量的自豪感，看起来会更和蔼可亲。”

和许多伟大的国王一样，许多著名的科学家也具有这种特征。伊萨克·牛顿先生也许是当时最害羞的人了。他多年来一直没有公开自己的许多发明，只因为他怕出名。比如他发现了应用价值很大的二项式原理，但他怕公开后会为名所累而犹豫了很多年。他的万有引力定律也是许多年后才公开的。他把月亮绕地球旋转这个理论告诉科林斯时，他不准科林斯在《哲学会刊》上公布自己的名字，他还说：“我讨厌出名。”

我们可以从许多史料中得知莎士比亚也非常腼腆。他的戏剧早已享誉全球，但没有任何一本剧本是他自己编辑、修订或授权出版的。我们看到的所有莎士比亚剧本上的日期，都是他人伪造的。他在自己创作的剧本中，扮演的多是一些小角色。他一向淡泊名利，更反对同时代的人们给他太大的殊荣。在他大约四十岁的时候，他认为自己的创作激情减弱了，于是悄然隐退，住在中部地区的一个小镇，过着平凡的生活，这一切都展现出他的腼腆和谦卑。

莎士比亚的羞涩在他的作品里也流露了出来。在他的作品中，情感与道德得到了极大的表现，但很少能看到有关希望的文字，即使出现，语气也令人灰心失望，像是这样的句子：

没有药可以治疗真正的痛苦，
即使有希望也很渺茫！

莎士比亚许多十四行诗都饱含这种使人郁闷的感情。他因自己是演员而悲伤，他缺乏自信、多愁善感，时时感到绝望。

让人费解的是，一个常抛头露面的演员却无法战胜羞怯，可见人的天性很难改变。著名的表演艺术家查尔斯·马修先生每天晚上都有大型演出，但是，他却是最羞涩的人。

他的脚有点跛，为了避开熟人他会沿着伦敦的小巷绕一个大圈。他妻子说他太过腼腆，被人认出他会局促不安。在街上散步的时候，如果听到有谁在呼喊他的名字，他的目光就四处闪躲，脸色也会变得极不自然。

伟大的浪漫主义诗人拜伦勋爵也很害羞，他的一位传记作家写道："有一次，拜伦去南威尔市拜访比戈特夫人，有一些陌生人进来了，他急忙从窗子跳了出去，躲进草丛里。"

大主教华特雷也是一个例子。青少年时期，华特雷为此苦恼不堪。在牛津的时候，因为他总穿质地粗糙的白色衬衫，头戴白帽，行为笨拙，人们都叫他"白熊"。有人建议他学习别人的优雅举止，帮助自己改正。他照着做，却显得更羞涩，华特雷因此彻底地丧失了信心。此后多年，他尽力不再把这些放在心上，不去介意别人的评价和看法，没想到竟然有了意外的收获：他摆脱了多年来一直折磨着他的害羞之苦，行为举止也变得自然了。

华盛顿总统是英国后裔，也有些害羞胆怯的毛病。传记作家乔西亚 · 昆西先生在描述他时说："他这个人的表情不太自然，行为举止也很拘谨。不善与陌生人交谈，像一个乡村绅士。尽管他十分有礼貌，但是他不善辞令，举止也不大得体。"

你可以没华服，但要有风度

美国著名作家霍桑腼腆得近乎病态。据说，当一个陌生人走进他的房间时，他会转过身避免认识这个人，不过一旦与人熟识后，霍桑就变得热情大方。他曾在《笔记》一书中讲述过这样一件事：他和荷尔普斯先生在一次聚会时相遇，他发现荷尔普斯先生表情冷淡。毫无疑问地，荷尔普斯先生对他也有同感。这就是两个害羞的人碰到一起的情形。还未来得及消除羞涩，就已经各自离去。爱尔维修曾说过这样一句话："热爱人类，就不要羞涩。"

但是，任何事物都有两面性。正因为不善社交的羞怯和腼腆，英国人喜欢独立闯荡。他们会漂洋过海，去征服茫茫草原和原始森林，在那里安家落户。拓荒者的冒险性格使他们无惧荒野的偏僻，盼望家庭的温暖和舒适。

法国就从来没有很大的殖民地，这多半是因为他们那种极强的社交能力。历史上有一段时间，他们完全有能力占领大部分北美大陆，但结果我们看到他们的殖民地就只有加拿大的阿卡迪亚这一小块土地。

在殖民时期，法国人喜欢交际的天性也充分展现了出来，这使他们无法像英国人一样不断去扩大和占领领地。在加拿大，那些英国殖民者总是将领地扩展到森林和荒凉地带，他们的住所至少也相距有几英里。而那里的法国殖民者却不同，他们总是聚居在一起，房屋成排地建在路边，屋后是狭长的、划分成小块的农田，这些都是为了社交方便，因此他们并不在意领地是否扩大。英国人、德国人和美国人正与此相反，他们大都善于忍受孤独和寂寞，只要有了土地就能开垦和生活，这样的性格差异，也影响了种族之间疆域的延伸与扩展。

除此之外，英国人这种不好交际的民族特性使他们自强、自立，他们埋头于书本，醉心于发明创造；他们能忍受海洋深处的孤寂，敢于乘船挺进，成为本领非凡的渔夫、海员、探险家。他们的舰队前往欧洲各海港，到达了地中海和世界各地。

这个民族也许是殖民者伟大的航海家，也造就出最出色的机械工程人才，但却没有一流的艺术家和时装设计师，因此，英国人总是穿着朴素、行为呆板、文辞朴实，言谈也不生动。总而言之，他们没有优雅的举止，缺少风度。

某年在巴黎举行的国际公牛展览会上就可以看出这一点。在展览会闭幕的时候，参赛者牵着自己的公牛上场领奖。第一个出场的是衣着鲜艳、欢快活泼的西班牙人，他得到了最小的奖，却俨然一副冠军的姿态。接着，法国人和意大利人将精心装扮了一番的公牛牵出来领奖，他们举止优雅而斯文。最后，得到最高奖项的英国人精神萎靡、衣着普通，打着农民的绑脚出场了。他认为自己只是代表那头公牛领奖，没必要展示自己。他走上领奖台，拿起奖品后，立刻转身离去。

英国人被公认缺乏艺术品位，举止不雅，有人便创办了一所学校，传播高雅的艺术，想以此来改变这种状况，希望透过艺术使人们提高自己的审美情趣，来完善人的品格。

艺术，让你提高自身修养

音乐、绘画、舞蹈这些优美的艺术都令人愉悦，能提高一个人的审美观和欣赏能力，但它对一个人的道德影响甚微。亨利·泰勒甚至认为：“艺术修养使人沉迷于幻想，易于屈服，使勇气和力量减弱。”艺术家的作品和思想家的作品不一样，他们只是尽力使自己的创作从形式上趋于完美。

无论是古希腊还是古罗马，艺术成就的辉煌往往与民族的腐化衰亡相关联。菲迪亚斯和伊克迪洛斯在完成帕特农神庙的修筑前，雅典的繁荣就没落了。菲迪亚斯死于狱中，斯巴达人在雅典建立一座纪念碑来纪念自己的光荣，同时它也是雅典耻辱的标记。

古罗马的艺术高峰期也正是罗马最腐朽堕落的时期。就像图密善和尼禄，他们既是罗马皇帝又是有名的大艺术家，他们都酷爱艺术，但也残暴无比，如同怪物。

利奥十世统治时期，罗马艺术有过短暂的鼎盛，整个社会都荒淫、奢侈，几乎可以说是亚历山大六世教皇以来最堕落腐朽的时期。在北欧的荷兰、比利时和卢森堡，情形也大致相同。西班牙入侵时，他们的艺术成就登峰造极，但他们的艺术和自由都随着西班牙的入侵而灭亡。

优雅的举止和美好的艺术都令人愉悦，但绝不能因此放弃美好的德行。艺术能帮助人提高自身修养，但我们应该要追求比艺术、名利、权势、学识等更加崇高、更加珍贵的良好德行。没有真正的高贵德行做基础，即使拥有优雅的举止和绝妙的艺术，也不能让生命得以升华，灵魂得到救赎。

Part 10

伴侣，让人的品格趋于圆满

男人选择了一项合适自己的工作，仅仅是成功了一半；而当他选择了一个合适自己的妻子时，他才算是真正的成功了。无论男女，每个人的一生中都会受到生活伴侣的极大影响。男人和女人都是美妙的生灵，他们平等降生。但男人和女人在性情上却大不相同。男人通常更坚强、粗犷，女人通常更温柔、敏感。男人的长处在于智力，女人的长处在于品性。就像大脑与心灵，在生活中他们也往往各尽其责。但这并不表示男人们就可以忽略心灵、精神方面的修养，女人们就可以漠视知识的重要性。

纯洁的爱，让生命得以升华

在与人相处的过程中，女人的高贵德行闪闪发光。女人是家庭的灵魂，养育幼儿，帮助他人，营造平和的气氛，且富有同情心，具有博大的胸怀，心中充满了希望。信任他人、仁慈的双眼可以把寒冷、痛苦驱除，将悲伤变成快乐。

女人的话像泉水般清澈透明，缓缓流进人们心里。对那些不幸的人来说，女人就像天使一样，用温暖的手抚慰那些寒冷的心。

女人是世上最初的苦难治疗所，不论时间空间，女人总会被那些痛苦的呻吟牵引，会情不自禁地来到这些苦难者身边，给他们安慰。女人的情感持久而平和，但是一旦陷入爱情，女人则会变得热烈而敏感。

恋爱中的男女通常是生理需要大于礼仪和道德，但还是应该做到能区别爱情的真假。早就有人说："通常看来，爱情很愚蠢，但它又是美好德行的结晶。因为它纯洁、崇高和无私。男女双方在互相喜爱中都忘却了自我，使生命得以升华。"

这种神圣的激情使整个世界充满生机。恋爱中的人容光焕发，充满活力，恋爱使将来美好灿烂。它是尊重、羡慕和钦佩凝聚而成的佳酿，它使人心地单纯，德行更加高贵，使人拥有伟大的心灵。它是一团跳跃的火焰，融化了一切枷锁和奴役的铁链；它像白雪中的红梅，芳香怡人；它使人温柔谦虚，勇气倍增，也使人聪明过人。所以，诗人勃朗宁说："所有的爱都会产生智慧，天才永远是最忠诚的恋人。"

你的爱情，因高尚的情操而伟大

高贵的德行会提升爱的境界，使人目光远大、胸怀宽广。

斯梯尔在谈及伊丽莎白·哈斯廷斯夫人时这样说："爱是开明的教育，女性是永远的老师。因为，她极富爱心，她的教导人性化、感情化。"

人们始终认为，没有爱情的生命是不完整的。柏拉图认为，相爱的人总是在对方身上寻找自己丢失的东西，爱使分离的人们又重新结合为一体。

建立在男女之间心灵交流上的爱情才是真正幸福的婚姻。费希特说过："缺乏尊重、敬爱作基础的婚姻不会持久，两人都只能从这种婚姻中尝尽苦头，这种婚姻不符合人类的崇高精神。"正因为如此，没有人会真正去爱一个道德败坏者，人们总是爱那些受人尊重、令人羡慕的人。

爱情和婚姻也不仅是男女之间的相互尊重，还有爱恋之情。走进爱情这间殿堂，人们就进入一个欢乐和谐的大家庭，而这和一个人童年时生活的家完全不同。每天这个新世界都有一连串的惊喜发生，也许由此步入的是一个充满挑战和考验的世界，在这个新的生活空间里，要学会待人交友。法国文学评论家圣勃夫说过：“家家有本难念的经，但它也充满了乐趣，它是一个富有情感和情趣的世界。一个家庭如果迟迟没有新生命加入，这个家就少了天伦之乐，人们发现这样的家通常充满了不好的气氛。”

整天忙于生意的人心胸总会不知不觉地变得狭窄，冷酷无情，久而久之，就会沉迷在利益得失之中无法自拔，猜忌就会悄悄萌生，行为开始变得恶劣。只有回归家庭，欢乐和谐的家庭气氛才能给他治疗，让他释怀，他会在妻子的安慰和孩子纯真的行为里得到快乐和幸福：

世上所有的快乐，
都比不上家庭中的一盏星灯。

泰勒先生说：“职场把人变得冷漠自私。只有婚姻、家庭才是人类精神的停泊点，只有在这里才能拥有真正的欢乐和幸福。”一个人即使事业有成，生意兴隆，如果他没有爱心，对弱者没有心怀同情，对自己的妻子儿女没有眷恋，那么，他的生活就只是表面上看起来春风得意，而实际上他是一个失败者，并没有获得真正的成功。

在家庭生活里，一个人的内在德行会表现得毫无保留。

伊拉斯谟非常羡慕托马斯·莫尔的家庭。他说："这个家庭从来没有争吵，甚至听不到一句重话。家里飘散的是温馨的香味。"莫尔是个非常善良、仁慈、谦和的人，他的德行影响了家里每一个成员。莫尔认为，正是那些鸡毛蒜皮的谈话，使一家人心心相印。在莫尔眼里，任何严肃而重大的社会交往也比不上经常和家人交流感情。

家庭生活能激发一个人的爱心，让它弥漫全世界。因此，爱默生说："爱像星星火种，透过家庭传递给每一个人，并将点燃他们心中的热情和爱心，在这样生生不息的传递中，星星之火，终能燎原。每个人的心中都充满爱的希望，那么整个世界就散发着爱的光辉。"

家庭，是温和与慈爱的国度

女性是这个国度的首领，她善良、温柔、博爱，是家的灵魂。温柔的话语和情怀最能驱除一个人心中的烦忧和苦闷，点燃希望之火。有一个德行高贵、宽容大度的妻子，烦恼和忧愁就会远去。她的丈夫就会神清气爽，精神倍增。他才懂得什么叫幸福，也才能体会到什么是爱。这样的妻子是丈夫最可信赖的朋友。当他陷入迷茫时，妻子的直觉往往能带给他灵感。忠诚的妻子是丈夫的精神支柱。人生就像在大海上航行，随时都有被汹涌波涛吞没的危险。此时，忠诚的妻子总是用自己的柔情给予处于危险边缘的丈夫慰藉。青年时，她是与你牵手而行的少女；中年时，她是与你共度风雨的伴侣；当你老了，她的目光还能给你温暖。

每次谈起自己的家时，伯克就掩藏不住内心的激动。他说：“回到自己的家中，所有的愁绪都会烟消云散。”而路德更是深深迷恋着他的家庭。当谈到妻子时，他说：“我宁可与自己的妻子过着贫困的生活，也不愿享受失去妻子的荣华富贵。”他甚至说：“一个善良仁爱的妻子是上天赐给男人最珍贵的礼物，和这样的妻子生活在一起，就是拥有了人世间最大的幸福。你对她可以无话不说，毫无保留，甚至可以把生命都托付给她。”

霍姆斯说：“男人和女人在声音、性格、头脑、志趣等各方面大相径庭，这使他们相互吸引。这种吸引力是如此的神秘，富有魅力，让人终生难忘。”

相爱的人，
走到了一起，
他们的心紧紧相拥，
他们在世界中漫步，
追寻美好、自由的生活。

很少有人能像泰勒先生那样说出关于婚姻的精辟见解。他说：“好女人能让生活轻松，气氛平和；好女人善于持家理财，不会让丈夫债务缠身。”男人选择了一项合适自己的工作，仅仅是成功了一半；而当他选择到一个合适自己的妻子后，他才是真正的成功。所以，找一个什么样的妻子，密切关系到这个男人能否得到幸福。找妻子不应该只凭外貌，而要注重她的内心世界。他应该看重女人温柔的性格，而不应该臣服于激情之下。通常说来，温柔的女人是男人了不起的资本。

许多人在婚前把婚姻想象得有如天堂，婚后就会如梦初醒，烦恼接踵而至，因此感到痛苦失望。这是因为他们在选择人生伴侣时，总把对方想象得十全十美。希望越大失望也就越大，只要发现对方一点缺点，就会十分在意。他们通常不明白的一点是——“世上没有完美无缺的人”。正因为如此，人们才需要耐心、包容心和同情心。只有心胸狭隘者才会对别人要求十全十美，宽容忍耐等美德才能使婚姻美满长久。

就像一个和谐的政府需要对立的各种力量相互妥协一样，美满的婚姻也需要男女双方相互体谅。

一般来说，女人善于编织罗网来捕获男人，但如果她们不善于筑造温暖的小窝，已经捕获到的男人也会飞走。因为男人就像小鸟，你能够轻而易举地捕获，但却很难将他留住，除非妻子能营造一个欢乐和谐的家庭，否则这个男人就会成为一个流浪汉。

女孩的美貌让人倾慕，但聪明的男人并不会因为她的美丽而娶她。因为谁都知道，女人的美貌只是一顶吸引人的帽子，它掩盖不住浅薄者的真面目，就如同长相英俊而缺乏修养的男士也难以赢得少女的青睐一样。

窈窕的身段、漂亮的容貌是一个女人健康的外形。如果没有高贵的德行、温柔的性格、良好的修养，她就是一朵有毒的玫瑰。男人如果选择这种女人做妻子，后果不堪设想。漂亮的脸蛋犹如漂亮的风景，相处日久，你也会感到厌倦。而那些长相普通的女人身上展现出来的善良、仁慈、包容、忍耐等美德，则像酒一样，越陈越香，令人回味无穷。

伯利勋爵是一位政治家，对于怎样选择妻子他有独到的见解。他曾和自己的儿子讨论过婚姻。伯利说：“你已经长大成人了。在婚姻大事上，你一定要谨慎行事，目光放远些，千万不能草率。婚姻直接影响到你今后生活的幸福与否，影响到你的未来前途。这就是一场没有硝烟的战争，决定性的战役会牵连大局，稍有不测，后果不堪设想。你必须了解她的个性、品格和才能，还要了解她父母年轻时的生活经历，尤其是她母亲的历史。即使她出身名门世家，如果她体弱多病、能力低下、德行不佳，你切记不能对她动情。从古至今，显赫的出身并不能代表什么，很多贵族子弟都是废物。不要为了金钱而去追求那些素质低下的富家女，否则会遭到嘲笑，就会有流言蜚语，你就会厌烦，以致后悔终身。当然，更不要找一个弱智者，因为如果她的智力低下，会影响到你的后代。”

更重要的是，妻子对丈夫的德行会产生极大的影响。德行高贵、心地纯洁的妻子会使丈夫高瞻远瞩，品格高尚；自私刻薄的妻子就会使自己的丈夫鼠目寸光、行为卑劣。

成功男人的背后，总有品格高尚的女人

许多男人之所以变得感情麻木，一辈子平庸无能，在一定程度上，就是因为娶了一个狭隘、市侩的妻子。贤淑的妻子总是用爱心和温情去抚慰丈夫，使他身心舒畅，并激发他的上进心，使他德行卓越；她会支援他追求真理，鼓励他为崇高事业尽心竭力。

法国政治学家托克维尔认为性格温柔、德行高贵的妻子是男人一生的精神支柱。托克维尔在一生当中，曾耳闻目睹了许多体弱多病、意志薄弱的男人显示出了伟大德行。托克维尔认为这是因为他们身后有一位德行高贵的女人，她们增添了他们的勇气，并帮助他们在事业上获得成就。托克维尔也同样看到许多天性豪爽、高风亮节的男子因为一个刻薄自私的妻子而变成一个庸俗不堪的市侩小人。

托克维尔为自己拥有一位温柔贤惠的妻子而深感幸福，在写给好友的一封信中，他满心感激地表示：他妻子的温柔、高贵和胆识给了他极大的支援。托克维尔对现实社会了解越深，生活经历越多，就越感到一个男人的品格修养

与家庭生活息息相关。

他在给知己克尔格雷的信中说："玛丽是所有上天赐给我的幸福中意义最大的。她平常是那样温柔、亲切，当遇上痛苦灾难的关键时刻，她又是那么坚韧不屈。她从没有在任何艰难困苦面前退缩，她这种精神深深感染了我。我常常为一些烦人的事情而苦恼，吃不下、睡不着，而她却心静如水，给我支援。"

托克维尔在另外一封信中说道："我的妻子聪慧过人，当我犹豫不决的时候，她总能让我恍然大悟。我实在不能用语言形容出和这样的妻子一起生活的幸福感觉。当我要做一件我自认为完全正确的事情时，她脸上总浮现出支援和自豪的神色，这种表情使我斗志昂扬，充满信心。当我要做什么亏心事时，她的脸上就有了担忧和不安之色，她的表情就会唤起我的良知。"

因长期从事写作，托克维尔老年时健康每况愈下，病魔缠身。由于疾病的原因，他常心情烦躁，但他仍坚持写了《旧制度与大革命》，这是他最后的著作。他在回忆录中写道："我在桌前常常一坐就是五六个小时，但几乎不能写作了。我这架机器似乎已太老化了，可能需要维修。如果没有老伴的安慰，我早就活不下去了。很难找到一个像我老伴那样能包容我的坏脾气的女人。她性格温柔，总是用超凡的耐心和温情让我精神振作，替我消除烦恼。现在，我就像傍晚的太阳，心情不好时，只有忠诚的妻子能给予我心灵的慰藉！”

法国的基佐是君主立宪派的一位领袖人物，他的一生历尽磨难。不管是在革命过程中还是在成功的时刻，他都没离开过妻子的支援和帮助。他妻子是一位善良、高贵的女性。每一次，当政敌们疯狂攻击他的时候，是妻子的温柔和关心给了他希望，让他的内心坚强。在回忆录中，基佐写道：“即使一个人事业有成，身份显赫尊贵，就算他有再伟大的功绩，但若没有幸福的家庭，也不是一个真正的成功人士。我的生命就要走到尽头了，此刻我最深刻地感受到，每个人的人生，都必须以家为依托。不管他所从事的事业有多么伟大，有多了不起，他魂牵梦系的地方还是家。没有家庭的温暖和朋友的情谊，事业上再大的成就都只能带来片刻的欢欣。”

女人与爱的力量成就男人的伟大

基佐的恋爱故事也很特别。当时他身在巴黎，靠写稿来维持生计。一个偶然的机会，这个青年人认识了《杂谈》杂志的编辑德·梅兰小姐。不久以后，这位编辑小姐因家里突遭横祸而病倒了，无法继续她的工作。重病中的德·梅兰小姐心急如焚。就在这时候，她收到一封匿名信，写信的人许诺能提供令她满意的稿子。稿子如约而至，德·梅兰小姐看后，觉得文采飞扬，就发表了出来。这些文章涉及艺术、文学、戏剧和评论，每一篇都堪称佳作。过了一段时间，德·梅兰身体康复上班了，她终于找到了作者基佐。之后，他们的爱情火焰就开始燃烧起来。

从此，她和丈夫同甘共苦，帮他分担了大量艰苦的工作。婚前，基佐曾问她，面对起伏摆荡的命运，她会不会失望和退缩。梅兰向基佐保证说，她一定会和基佐分享胜利的喜悦，也绝不会因他的挫折和失败而叹息。当基佐第一次担任路易·菲力普的部长后，她给一个朋友写信说："我渴望和我的丈夫待在一起，可我们现在很少有机会在一起了。

假如上天能让我们来生也做夫妻，我仍然愿意陪伴他一起再次经历人生的坎坷艰险，共度那些心急如焚的日日夜夜。因为在这些日子里，我们俩都感到幸福甜蜜。”

辉格党下院议员伯克的妻子也是一位美丽、慈爱、德行高贵的女性。在他曲折坎坷的政治生涯里，是贤惠的妻子给了他安慰。伯克曾说：“只有热爱家庭的人才会热爱全人类。”伯克自己的生活正好印证了这句话。他年轻时曾情真意切地描写过自己的妻子。他写道：“她漂亮迷人，但这种漂亮并非指她姣好的容貌、细嫩的皮肤与苗条的身材。她并不是靠这些来吸引人，她最迷人之处在于她的温柔性格。她的纯真、仁爱、善良及多愁善感，这些美德使我沉醉。在她身上，美丽的脸庞与高贵的德行完美结合，不得不让人佩服上天的仁慈。

“她的目光温柔，充满亲和力，这种目光令人陶醉。就像皎洁的月亮一样，她的威严不是来自外貌，也不是来自于她手中的权力，而是来自她良好的德行。

“她说话像小溪缓缓流淌，犹如优美的乐曲。她不是那种外表华丽，引人注目的人，但她说话的语调有一种无形的魅力，吸引我不知不觉地靠近她，聆听她的言语。”

“她冰雪聪明，从不愿四处张扬，惹人注意。

“很少有像她这样年轻、心地单纯，却又对世事了解如此深刻的女孩子。

“她有良好的修养，待人处世真诚、谦逊、彬彬有礼，没有丝毫做作之态。她的言行总是让那些高贵的先生女士们感动不已。

“她冷静沉稳，面对琐碎小事和狂风巨浪，她都心如平镜。就像花岗石那坚硬而美丽的光泽一样，她的稳重和柔情散发出一种不容侵犯的威严。她景仰那些伟大的男人，因为他们为人类做出了贡献。这让我也对他们更加敬佩。我们深爱着对方，她教会了我怎样去爱每一个人。”

上面是一些丈夫对妻子的描述，我们再来看看妻子眼中的丈夫。让我们看看哈金森上校的妻子对他的记述：“他从来都是以理服人，从不会霸道地颐指气使。他常常给我讲那些关于诚实、羞耻和荣辱的事情。他爱我，不是对我外表的迷恋，而是爱我的内在德行，但他对我从不会过分宠爱。

“他信任自己的妻子，从不在意身份地位之类的东西。他仁慈善良，给予妻子自由的空间。他讨厌两人的话题围绕着金钱。岁月流逝，他的妻子已经失去了漂亮的容貌，但他对她的爱却一天胜过一天，越久越浓。”

英国历史上有一位伟大的妻子，那就是罗谢尔·罗素夫人。在丈夫入狱期间，她四处奔走，寻找能够使丈夫获救的途径，她的忠诚感天动地。当她最终得知她已没有能力营救丈夫出狱时，她就用自己的温情给予丈夫勇气和信心。

班扬是英国著名的散文家。年轻时的班扬整天游手好闲，到了该成家立业的时候，没有人愿意做他的妻子。令人惊奇的是，上天似乎有意安排了一个贤妻给他。这位贤惠善良的伟大女性最终使班扬浪子回头，并努力奋斗，成为一个有作为的人。

德国改革家岑道夫的一生也充满了坎坷，但他的妻子却总是不离不弃地陪伴在他左右，给他信心和鼓励。岑道夫说：“二十四年来的苦难生活使我深刻地了解到，正义勇敢的妻子是我事业的保障。没有她，就没有我所获得的成绩。我庆幸拥有这样一位妻子，她是对我的事业最有帮助的人。除了她，还有谁能帮助我度过困难，把家务操持得这样井井有条呢？还有谁能帮助我克服自己这么多的缺点呢？还有谁能像她那样无怨无悔呢？还有谁能和我共同在风雨人生中搏斗呢？

“大千世界，谁能像她那样与我相濡以沫呢？谁能像她那样冰雪聪明呢？人世间的事情有如迷雾，又有多少人能保持清醒呢？我自己也经常迷路，而她却能看透世事，心如止水。我这一生最大的幸运就是与这样一位女性共同走过了二十四年的岁月。”

塞缪尔·罗米利先生认为自己一生中所获得的成功和幸福都归功于他的妻子，他满怀深情地在传记中描述了自己的妻子。他说：“这十五年来，我一直醉心于去了解我的妻子。她有纯洁的心灵，理解能力和判断能力都很强；她有丰富的情感，同情弱者；她有惊人的勇气，不畏强权。她的美貌人尽皆知，她柔弱的外表下蕴藏了极大的力量。她是上天将美貌和美德完美结合的典范，令人惊呼。”

罗米利刻骨铭心地爱着自己的妻子，妻子离开人世后，他精神恍惚，独自在人世逗留了七天之后，也随着妻子离去了。

在政坛上，弗兰西斯·伯第特先生和罗米利是死敌，但他们的家庭生活十分相似。妻子的死使伯第特极度悲伤，不能自已，他在妻子死后一直不吃不喝。妻子的遗体还没有下葬，他就抱着她也离开了人世。他们俩葬在一起，并肩长眠。

托马斯·格雷汉姆一直沉浸在失去爱妻的伤痛之中。为了缓解心中的思念和悲伤，他以四十三岁的高龄从军。英国肖像画和风景画大师哥斯博罗曾在新婚时帮他们画过一幅画，他将它终生珍藏。格雷汉姆夫妇一起牵手走过了十八年的岁月。妻子离世后，格雷汉姆志愿从军，在胡德勋爵手下服役。在围困土伦的战役里，他不怕牺牲，英勇无比，赢得了所有将士的尊敬。最后，他得到了光荣而尊贵的贵族头衔。格雷汉姆的晚年过得闲适舒服，但他深深思念着他的妻子，他认为自己所有的荣耀都来自妻子。下院议员、英国戏剧家谢尔登在议院中曾这样谈到格雷汉姆："对妻子无限的挚爱，是他身上最崇高的精神。"

当华盛顿的妻子获知华盛顿将不久于人世时，她说："一切都结束了，终于好了。我早已做好准备，和他一起离开。"

日内瓦著名的博物学家哈勃同他妻子的爱情更让世人称赞。哈勃十七岁的时候，双目失明了，但他并没有就此沮丧，他决定研究一门自然史，但是研究自然需要一双善于观察的眼睛，哈勃的妻子理所当然地成了哈勃的另一双眼睛，在妻子的精心呵护之下，哈勃透过她的双眼看到了流光溢彩的大自然，将苦恼抛到脑后。大多数博物学家都很长寿，哈勃也不例外，他的晚年过得很安适。哈勃曾说："我不愿重见光明，那样我会感到痛苦。我不管人们如何看我。但我深爱着妻子，在我眼里，她永远年轻、漂亮、活力四射。"

即使在今天，哈勃的《论蜜蜂》一书，也是这个科学领域里的璀璨明珠。书中有大量经观察记载下来的第一手记录，这些记录都是客观而真实的，具有极高的学术价值。当我们看这本书的时候，不能不惊叹作者敏锐的观察力和独特的视野。但是没有人想到，作者在写这本书时，早已经双目失明，他已在黑暗中生活了近二十五年之久。

与哈勃夫妇的感情历程一样，汉密尔顿夫妇的爱情故事同样感人。汉密尔顿先生晚年时是爱丁堡综合大学的逻辑学教授，在五十六岁的时候，他因为长期的劳累全身瘫痪。为了让丈夫能继续工作，汉密尔顿的妻子担负起重任。她帮丈夫阅读大量的文献资料，抄写校正讲稿。她把自己的一切都献给了丈夫和他热爱的事业，做了所有她能做的工作。人们都认为，汉密尔顿夫人所做的一切宛如一首英雄的赞歌。如果没有妻子的支援和鼓励，没有她无私的奉献，汉密尔顿先生将完成不了那些伟大的著作。

原本在授予汉密尔顿教授职位时，曾引起一场很大的争论，但在汉密尔顿夫妇的努力工作下，人们对汉密尔顿的才华越来越敬佩。汉密尔顿成绩显著、学识渊博，最终成为欧洲知识界公认的大师。

同甘共苦的爱情最令人感动

夫妻之间的感情犹如高山流水，任凭岁月流逝，它却川流不息。从古至今，男人们总会深深怀念那些与自己风雨同舟、同甘苦共患难的妻子，他们坚贞的爱情让所有人感动。

卡莱尔是英国的散文作家和历史学家，他的妻子长眠在哈丁顿的教堂墓地里。卡莱尔夫人的墓碑上有这样一段文字：“她温柔可爱，具有敏锐的德行。她一直是丈夫最忠实的伴侣，她的言行给予丈夫力量，使她的丈夫孜孜不倦地去追求目标。”这是卡莱尔先生在世时铭刻的。

世界著名的物理学家、化学家法拉第的爱情也很幸福、美满。他和妻子相亲相爱，共同走过了数十年的日子。温柔、善良的妻子深爱着自己的丈夫以及他从事的事业，因此，法拉第能够全心全意地愉快工作。法拉第对妻子充满了感激和爱怜，他在日记中写道：“我的幸福来自她，我的事业成功来自她的支援。和她在一起，我感受到了人世间最大的欢乐和幸福，在我们的婚姻里，只有感情在不断加深，其他的都保持着最初的状态。”

在一起走过的四十六年里，他们的情感始终热烈如火。诗人、版画家布莱克的妻子凯瑟琳·布彻素有“黑眼睛”之称。她也是热烈地爱着自己的丈夫和他的事业，她始终认为自己的丈夫是最伟大的天才。布莱克我行我素，她觉得这是一个伟大艺术家的风格。说这是一种包容，不如说是喜爱更贴切。她与丈夫同甘共苦，随着丈夫的喜怒哀乐而欢喜悲伤。布莱克在七十一岁高龄时，想创作最后一幅版画。他本来想画一张自画像，当他看到爱妻时，突然欣喜若狂。他激动地说：“凯特！别动！让我为你画一张相，在我的心中，你永远是一位天使。”

女人在危急关头总会不顾生命救助自己的丈夫。当威斯伯格决定向围困的敌军投降时，女人们提出了一个请求，她们要求带走自己最珍贵的东西，威斯伯格答应了她们的要求。成群结队的女人们背着自己的丈夫逃出城去，威斯伯格看到这个情形，感动得唏嘘不已。

妻子舍身救夫的例子不胜枚举。荷兰诗人格劳秀斯的妻子营救丈夫的英勇事迹流传至今，是大家耳熟能详的历史事件。联合政府判处了格劳秀斯终身监禁，他被囚禁在洛瓦斯泰城堡里。格劳秀斯被关了将近一年后，他的妻子被允许到牢中陪他，这使格劳秀斯的烦闷和孤独得到了些许慰藉。格劳秀斯的妻子每星期可以去城里两次，每一次，她都给格劳秀斯带来许多书让他阅读，再把看完的书带走，后来，书渐渐多了起来，必须用一个大箱子才装得下。城堡里戒备森严，有许多守卫士兵，妻子每次带书进出都要接受士兵的检查。久而久之，士兵们都知道箱子里装的是一些书籍，每次也都敷衍了事。这时，格劳秀斯的妻子有了一个大胆的想法。

一天，她让格劳秀斯躲进装书的这个大箱子里，她像往常一样把丈夫当作书运了出去。两个守卫士兵走过来检查，他们觉得箱子要比往常重一些。其中一个开玩笑说："你不会是把格劳秀斯也装在里面了吧？"

格劳秀斯的妻子笑着说："是啊！说不定还有一些书呢！"

就这样，箱子顺利的运出了城堡，格劳秀斯获救了。

Part 11

苦难，是品格的试金石

苦难也有可能只是上天耍的一种戏法，因为上天用苦难变出了具有高尚德行的人。只有那些懒惰、懦弱、放纵的人才喜欢隐居生活。而每一个坚强的人都应该付出血泪和汗水，都应该担负起人生应尽的义务。也由于现实生活的磨炼，我们才学会了包容、勤劳和忍耐。

苦难敌不过心中的希望

年轻的生命充满了活力，快乐无比，青春时光是生命中最热烈的夏季。尽量去尝试一些事情，经历一些磨难，这终将使你获益匪浅。

亨利·劳伦斯先生说：“在现实生活中，最能体验到充满苦难和折磨的人生。其中，浪漫气质是激励人坚持奋斗的一股力量。如果浪漫气质和现实体验能够完美结合在一起，现实体验就成为实现目标的直接途径，而浪漫气质则像明灯一般，引领人们走上这条光明大道。浪漫气质使人信念坚定，即使处在人生最灰暗的时期，心中也充满了希望，也能看到前方的曙光。这足以令他们获得成功。”

约瑟夫·兰科斯特十四岁的时候，阅读了《奴隶贸易中的克拉克森》这本书，于是他决定要去西印度群岛救助那些贫困的黑人。虽然他身上只有少许的路费，但他还是成功到达了目的地。当时他一片茫然，不知该怎么着手开始自己的工作，就在这时候，他的父母找来了，并且将他带回家。但是，他的热情丝毫没有减弱，他的内心仍然那么滚烫。从那之后，他就开始尽心竭力地投入慈善事业。

天才，也像生铁一样需要打造

一个人想成就一番大业需要有一种动力，热情就是最好的动力。如果缺乏热情，在遇到挫折和困难的时候，就会垂头丧气。但是如果具有非凡的勇气和顽强的毅力，再加上热情的鼓励，面对任何险阻，一切也都会变得无所畏惧。

哥伦布便是一位热情如火的人，他坚信世界的另一端充满财富，于是满腔热情去冒险。当船上的其他人都绝望透顶的时候，他仍然充满信心。当其他船员扬言要把他扔进大海里，他仍不为所动，热情不减，最后终于发现了新大陆。

我们通常只看到别人成功的喜悦，而忽略了他们曾在成功路上艰难跋涉。当一位朋友羡慕勒菲弗元帅的财富和好运时，勒菲弗说："朋友，你能够用比我所付出的还要小得多的代价，来得到这些财富。我们去院子里，你站在三十米外，我用一支手枪向你打二十枪，如果你没有被击毙，那么，这里的一切就都归你，你愿意试试吗？不愿意吗？

那就对了！请你记住，我现在拥有的荣誉和财富，是在硝烟弥漫的战场中获得的。”

世界上最伟大的人物无不是苦难的学生，在完成自己辉煌的事业之前，他们都尝遍了艰难困苦。苦难往往是磨炼和锻造人的最佳课程。苦难最能激发人的勇气，英雄是在苦难中脱颖而出的。天才也像生铁一样需要打造，需要突如其来的灾难把他磨炼成熟。而待在安适的环境中，这些才华只会日渐消失。

因此，苦难对人有利无害，至少它比懒散地消磨时间要强得多。它能激励人奋发向上，而只有奋发向上才能获得成功。困难，是艰苦奋斗的督促者；诱惑，是自制力的考验者；痛苦，是智慧的创造者。因此，困苦的磨炼能激发人身上潜藏的能力和智慧。

与贫困斗争对人也是有利的磨炼。卡莱尔曾说：“那些与贫困和艰苦斗争的人，比那些在家里养尊处优的人来得更坚强有力，比那些躲藏起来避难的人更顽强，比那些躺在床上睡大觉的人更明智。”

文人常拿物质的贫乏与精神的贫乏相比较，认为精神的贫乏更令人不堪忍受。里克特说：“贫困啊！我欢迎你们！

但是，请你们早些到来。”贺拉斯说，是贫困给了他坚持写诗的动力，是贫困让他结识了瓦纳斯、维吉尔和马西隆。麦克雷说：“挫折是一种动力。许多年来我像维吉尔一样生活，但我感觉自己非常富有。”

永远对贫穷与艰难心存感激

西班牙人庆幸塞万提斯遭遇了那些贫困。他们认为，如果没有经历这些贫困，塞万提斯就不可能写出那些伟大的作品来。

贫穷和艰辛造就了人顽强的毅力和健康的个性，激发了蕴藏的活力并健全了人的德行。伯克自我评价说："我不会被坎坷艰辛绊住手脚，也不会在舒适的环境里腐化堕落。"在危急关头，人们常常能展现真正的德行和才华。克服困难鼓舞了他们去争取更大的胜利。

失败是成功之母，经历了无数惨痛的失败后，聪明的人才能学会控制自己，变得机敏而富有经验，这些经验意义非凡，它能让你更接近成功。如果向外交家请教，他会告诉你，他经历了无数的失败才掌握了外交艺术。在失败中总结的经验，比从成功中掌握的更多、更有价值。无论格言警句还是榜样，给人的启示都比不上失败赋予人的经验。因为，失败让人懂得什么可以做，什么不可以做。

要想事业有成，就必须有勇气面对成功之前的无数次失败。每一次失败都应该激发你更大的勇气和力量，让你跌倒了又爬起来。

塔尔马是最伟大的演员之一，但他也是尝尽了失败的痛苦之后才获得了成功。他第一次登台演出就被观众轰下了舞台。著名的演讲家拉科达尔同样是经历了无数挫折后才享誉全球的。蒙塔雷伯曾谈起拉科达尔第一次演讲的情况。那次演说完全失败，听众纷纷离场。有人说："他也许是一个天才，但他不适合做演讲。"但是，拉科达尔在尝尽了数不清的失败之后，终于获得了成功。他获得极大成功是在他首次失败仅仅两年后，他在巴黎圣母院进行了一场演说。众所周知，自波舒哀和马西隆之后，很少有演说家能站在那里演说。

另一个典型的例子是科布登，他曾在曼彻斯特的公共场所演讲。他的演说一塌糊涂，使得主持人不得不为此而不停向观众道歉。詹姆斯·格雷汉姆先生和迪士累利先生在演讲生涯的初期也被人嘲笑。詹姆斯·格雷汉姆先生绝望了，有一次差点就要放弃演讲事业了。他对好友弗朗西斯·巴林说："我尝试了各种方法来提高我即兴演讲的水平，并将它们牢牢记住。但是，我仍然不能把它们很好地运用到我的演讲过程中。我不知道为什么会这样，恐怕我永远也成不了出色的演说家了。”但是，经过长期的努力，格雷汉姆也像迪士累利那样，成为议会里最有影响力的演说家。

危机让你认清自己，并找到更适合自己的路

有时失败也可以使那些目光远大的人，认清自己并找到更适合自己的路。学法律的布瓦洛律师第一次出庭辩护时，饱受失败的耻辱，但当他尝试写诗时，却获得了意想不到的成功。冯特烈尔和伏尔泰都曾在律师界遭遇失败，考珀也一样，因为羞涩和胆怯，他第一次上法庭就失败了，但他却为苏格兰的诗歌艺术做出了卓越贡献。孟德斯鸠和边沁都是失败的律师，但边沁却创作了一部经典的立法著作。《无人居住的村庄》和《韦克菲尔德教区的牧师》都是古德·史密斯报考外科医生失败后写的。

身体上的缺陷阻挡不了人们去奋斗追求。弥尔顿双目失明，但他写出了最伟大的作品。

许多伟人的一生都坚定不屈地与各种困难和失败奋战。《神曲》就是但丁在最贫困的逆境中完成的。他所反对的地方势力将他流放，把他的住宅洗劫一空，并因缺席判处他火刑。

他的一位朋友告诉他，只要他低头请求获得赦免，就

有机会重返佛罗伦萨。他却回答说：

“我每时每刻都在思念着故乡。但是，我不会通过乞求宽恕和赦免来重返故里。除非有一条不会让我无脸见人的道路，如果没有这样的途径，我宁可永远待在异国他乡。”

但丁的敌人没有放过他，他被整整流放了二十年，最后客死异乡。即使他死后，他的政敌仍不肯就此罢休，罗马教皇下令烧毁他的著作《论君主政体》。

诗人卡蒙斯在流放期间写了大量著作。他曾经从军入伍，在一次海战中瞎了一只眼睛。他英勇善战，获得了将士们的尊敬。后来，他目睹葡萄牙人在印度果阿的种种暴行，他义愤填膺，劝说总督停止这些暴行。没想到惹恼了总督，将他流放到中国。在流放途中，他受尽了残害。当他逃亡到澳门时却遭到了监禁。逃出澳门后他几经周折，渡海回到了他阔别十六年的故乡，但是他的亲人们都已经不在了。之后，他的诗集《鲁西亚德》引起了极大回响，但他仍然一贫如洗。多亏了他忠诚的印度仆人安东尼奥沿街乞讨，才使他免于饿死街头。最后，他在一所公共救济院因病去世。他墓碑上的碑文是这样写的：“路易斯·德·卡蒙斯在这里安眠，同时代所有其他诗人的才华都无法和他相提并论。他活着时凄惨、贫困，离世时依然贫困、凄惨。”

伟大的雕塑家米开朗琪罗大半生都受到那些贵族、教士和各种卑鄙小人的残害。他们不懂他的才华。保罗四世指责《最后的审判》有诸多不足，米开朗琪罗说：“教皇在艺术领域里的行为就像从鸡蛋里挑骨头一样，也许请他去纠正那些给人类抹黑的粗鲁言行会更好些。”

塔索也受尽迫害。他在疯人院里待了七年以后沦落为意大利街头的乞丐。临死前，他写道：“我不会因为悲惨的命运而怨恨，我更不愿谈及那些使我沦为乞丐的人们。”

你有挑战艰苦、恶劣环境的毅力吗

或许是老天有眼，时间常常把迫害者和被迫害者换个位置。被迫害者通常是伟大者，而迫害者则往往身败名裂。因为那些伟大的受害者的关系，那些迫害者的名字才没有像垃圾、臭虫一样被人遗忘，但他们受到的将是唾弃。毫无疑问地，如果不是因为关押了塔索，没有谁还会记得费拉拉这个卑鄙可耻的公爵大人；如果不是因为迫害诗人席勒，没有谁还会记得那个无耻下流、将遗臭万年的伍腾堡大公。

科学领域里也有很多含冤而死的学者，他们历尽苦难、痴心不改，最后找到了通往光明的道路。在第一次法国大革命中，著名的天文学家贝利和化学家拉瓦锡双双被送上了断头台。在国民议会判处拉瓦锡死刑后，他要求法庭延后几天行刑，因为他希望能验证一下他在被禁期间的一些实验结果，但法庭粗暴地拒绝了他的请求。法官扬言“共和国不需要学者”，死刑如期执行了。

几乎与此同时，厄运也降临在英国化学家普里斯特利博士身上。他们焚毁了他的房屋，砸烂了他的图书馆，在

“不要学者”的可笑口号声中，这位现代化学之父不得不逃离自己的祖国，最后客死异乡。

许多伟大的发现都产生于残害和打击的困境中。哥伦布发现了新大陆，因此给许多人带来了财富，可是这些人却一生都在诽谤和掠夺；马戈·帕克淹死在他自己发现的非洲河里；克拉普顿由于猩红热死在非洲大陆中心的一条河岸上，这条河却被后来的冒险家重新发现并命名；富兰克林解决了长期以来困扰人们的西北通道问题，自己却葬身大海。

1801 年，英国海洋探险家弗兰德斯乘坐一只名为“探索号”的轮船出发去探险。英国政府给了他一本法国护照，要求法国有关人员保护神圣的科学，给弗兰德斯提供方便。在探险过程中，弗兰德斯对澳大利亚大部分地区、万迪蒙斯岛及附近岛屿做了考察。这时，“探索号”轮船漏水了，不能再航行。弗兰德斯只好以旅客的身份搭乘“海豚号”轮船，准备返回英国，将这三年来的考察成果交给海军部，没想到“海豚号”触礁了，弗兰德斯和一些海员坐上救生小木船，安全抵达杰克逊港口。

他们在港口找到一只双桅小帆船，名叫“坎伯雷”，他们乘此船返回失事地点去营救那些在礁石上等待的同伴，准备返回英国，但不幸的事再次发生在归航途中。“坎伯雷”的一块木板被碰坏了，这使得他们不得不驶向法国的一个小岛。让他们想不到的是，法国人对他异常残暴，没收了他的护照，他和那些船员都沦为阶下囚。他在这里结识了法国探险家布丰。更令人气愤的是，布丰卑鄙地窃取了弗兰德斯的考察成果，去欧洲公布了他的发现。有关他的新发现的地图册流传甚广，但他却被囚禁在那个法国小岛的监狱里。六年漫长的岁月过去后，弗兰德斯终于重获自由，但他的健康遭到了严重损害，而他依然坚持修正地图，并完成这些地图的说明文字，在他的著作出版的那天，他离开了人世。

很多伟大的著作都是作者在最艰苦、恶劣的环境下写成的。《哲学的安慰》是波伊休在狱中完成的。罗利被禁闭在塔楼上十三年，《世界历史》的前五卷就是在此期间写出来的。

掌握着权力的人总是把他们的敌对者关进牢里。在那之前的查尔斯一世统治时期也是这样。监狱中总关押着许多杰出的伟人，约翰·艾略特、汉普登、普林等许多人都曾是狱中客。在伦敦塔里，埃利奥特完成了巨著《人类的君主政体》；乔治·威瑟尔写出了著名的诗篇《对国王的讽刺》。巴克斯特、潘恩等许多人都被查尔斯二世关押了起来，他们在监狱里都用写作来度过光阴，波克特完成了他的代表作《生活与时代》的部分手稿，潘恩创作了《没有荆棘就没有王冠》。

女王安娜统治时代，马修·普赖尔因诬陷叛逆罪被囚禁了两年。行动自由后，他写了《阿尔玛，或灵魂的进步》一书。此后，英国的政治犯好像略有减少。之后最有名的是笛福，他曾三次被游街示众，他生命的大部分光阴都是在狱中度过的。在押期间,他的笔下诞生了《鲁滨孙漂流记》和其他一些政治性作品。除此之外，他还创作了许多伟大的长篇巨著。

最能经受磨难的人，是能力最强的人

遭到迫害的人，表面看起来是生活的失败者，其实不然。这些似乎很落魄的人，往往在人类历史上留下了光辉的事迹，比起那些生活平庸、碌碌无为的人来说，他们是那么值得敬佩。伟大是一种永恒的力量，伟人即使牺牲了，他们崇高的精神也会永远激励他人，将永存在人们的心底，并在人们的行为中得到延续，并不会随着生命的结束而消亡，那些伟人往往是在离世后才真正诞生的。

人类永远钦佩和怀念那些为真理而受尽磨难的人。虽然他们的生命结束了，但他们的真理永恒；虽然他们的身体受控在牢狱中，但他们的心灵在自由地飞翔。正如囚犯洛夫莱斯所写：

石墙不是牢狱，
铁栏也非囚笼。
我清白的灵魂，
正好得到安宁。

弥尔顿有一句名言：“最能经受磨难的人是能力最强的人。”许多伟大的成就都是在艰难险阻中铸造出来的。他们在惊涛骇浪中奋斗，到达岸边时，已筋疲力尽。或许他们喘完最后一口气就安然辞世，因为他们的事业已经完成。就是死亡,对他们来说也没有什么大不了的。歌德曾说:“生活对我们每个人来说都是苦难。除了上天以外，没有任何人能迫害我们，不要再唾弃那些已经离世的人。”

舒服和闲适不能带给你什么，只有苦难能让你受益无穷。逆境中能展现出一个人的德行，就像香草只有被捣碎之后才能清香四溢一样，很多人只有在逆境中才能显示出优秀的德行。所以，你会常常发现，那些看起来平庸无能的人在置身险境时，就会迸发出惊人的能量。

在苦难中成就伟大与幸福

生活中的幸福和苦难都是可以相互转化的。至于怎样变化，关键就在于能否从中获取经验。世界上没有十全十美的幸福，即使有，也没有什么意义。只有失败和艰辛，才是一个人最好的导师。汉弗莱·戴维爵士说："在私人生活中，过于幸福，不是惹人妒忌就是使人堕落。"

悲伤会用一种特殊的方式和快乐紧密联系在一起。苦难和快乐无疑都是上天的恩赐，但苦难对一个人德行的磨炼要比快乐有用得多。它教人学会忍耐和服从，在苦难中历练过的人，品格和灵魂将会得到升华。

世界上最出色的人，
是历尽沧桑的人，
他温顺、谦恭、耐心且和蔼，
颇具绅士风度。

或许苦难有可能只是上天耍的一种戏法，因为他用苦难变出了具有高尚德行的人。如果幸福是人生的目的地，那悲伤就是整个的旅途。

雪莱曾在诗中写道：

那些不幸的人，
苦难将他们培育成诗人，
他们把得益于苦难中的一切，
用诗歌告诉人们。

如果彭斯真的拥有了万贯家财，他还会写诗吗？如果拜伦生活得美满幸福，当上了掌玺大臣或邮政总长，他还会放声歌唱吗？也许，只有忧伤的人才会变得冷静。

一位哲人说："他们知道所有人都要经受苦难。"

大仲马问拉布尔："是什么使你成为诗人？"

拉布尔答道："是苦难！"

妻子和孩子的相继去世使他陷入了无边的悲痛中，他只能把身心都投入到诗歌中才能解除孤独，找到寄托。

许多人都是在苦难中获得伟大成就的。他们为了摆脱苦难的阴影而不屈不挠，或者说是一种责任超越了个人的痛苦。达尔文曾对一个朋友说："如果我的体质没有这么差，我就不能获得今天这样的成就。"

席勒也同样是在受尽磨难后，才写出那些伟大的悲剧。亨德尔在中风瘫痪，生命就要走到尽头的时候，他的伟大才得以展现。他顽强地同病魔斗争，在音乐史上留下了不灭的烙印。莫扎特债务缠身，在他病重时谱写了不朽的作品《安魂曲》。贝多芬则在耳聋之后写下了最杰出的乐章。舒伯特更令人怜悯，他仅仅活了三十二岁，他去世时所有的财产就是几部手稿、几件衣服和六十三个银币。在最伤心的时候，兰姆完成了最优秀的作品。胡德那些欢欣鼓舞的乐曲都源于他那极度痛苦的心灵。他这样写道：

"没有哪根琴弦能调出与欢乐一致的曲调，除了那些忧伤的旋律。"

在科学研究中，你会发现一些忍受苦难的例子。沃拉斯顿在弥留之际，仍强忍着病痛向人口述他的发现，为的是让人们了解它。

有一位波斯哲人说："黑夜并不恐怖，它或许正是生命的起源。苦难令人伤心悲痛，但它使你获益匪浅。只有在苦难的引导下，你才能变得坚强、有耐心。一个勤于思考的心灵，总会在伤悲中变得更聪明。”

心灵的草屋暗淡无光，
风雨之中，它更显凄凉。
但从时间的窄缝中，
有灿烂的光芒射进。

杰勒米·泰勒曾说过：“良好的德行是从苦难中磨炼出来的。它让人清醒，使人勤勉踏实。上天将苦难降临在你身上，是因为想给你快乐、聪慧和荣誉。他只会把磨炼赐予德行高贵的人。”

没有在生活中经历磨难的人，
是生活中的弱者。
无论他好与坏，
他都不可能得到上天赐予的荣誉和美德。

生活的意义，在于培养良好的德行

历史上没有谁比歌德更幸运。他拥有了人们所羡慕的一切，健康、荣耀和金钱，但他却认为他一生中真正快乐的日子只有五个星期而已。

生活中不可能只有太阳而没有乌云，只有快乐而没有悲伤，只有幸福而没有悲惨。那样的生活只存在于人们的想象之中。幸福就像一团理不清的乱麻，愉快和悲伤交织在一起，而愉快正因为有了悲伤的存在而更为珍贵。不幸和幸运总是接连出现在你面前，让你体验。

托马斯·布朗博士认为，死亡也是人类幸福不可或缺的一部分。当然，面临死亡，你会忍不住伤心，但是，在时间的长河里，我们却比那些情感麻木的人目光远大。

聪明的人不会对生活苛求太高。当他为成功而奋斗的时候，也没忘了准备迎接失败。他祈求幸福，也不怕失败。

聪明的人不会对身边的人要求过高。他尽力与人和平共处，他懂得宽容和自制。他明白世界上最杰出的人也会有缺点，也需要人理解。

谁都不是完美的,谁都有烦恼苦闷。丹麦女王卡罗兰·马蒂尔达也曾被囚禁在监狱。她在教堂的窗户上写下了这样一句话:“上天啊，给我清白，给其他人伟大吧！”这是一句令人深思的话，值得铭记。

生活是由我们自己创造的，快乐的灵魂创造一个快乐的世界，哀伤的灵魂创造一个哀伤的世界。每个人都可能做自己灵魂的主宰，也可能做自己灵魂的奴隶。心灵是一面镜子，真实反映我们的面容，心灵美好的人眼中，世界是美好的;心灵灰暗的人眼中，世界是灰暗的。

如果你明白了生活的意义在于培养自己良好的德行，那么，你的生活就会幸福快乐；如果认为生活的意义在于权利和荣耀，那么，你的生活就会是阴森邪恶的。

当你待在像一个黑色杯子的生活中时，你无法理解作为一个优秀的人必须尝遍苦难的意义。但是你应该坚信，生命缺少了这种磨炼就没有了意义。

当你完成了在人世间的责任和义务，完成了工作和爱情，就会像织茧的蚕一样，悄然离开这个世界。虽然生命短暂，但上天交付于你的职责必须完成。

那时，你的肉体遭受了苦痛，但精神永垂不朽；那时，死亡就和睡觉没有分别，墓碑伫立在你身旁，而你的身躯和头颅将回归大自然。